U0153292

2歲寶寶
成長里程

面對小小磨人精的高EQ

Growing Child 雜誌發行人

丹尼斯‧唐◎總編輯

毛寄瀛 博士◎譯

書泉出版社 印行

源 起

　　四十多年前，《教子有方》的創辦人丹尼斯‧唐（Dennis Dunn）任職文字記者，並擁有一個幸福的小家庭。五歲的兒子和一般小男孩沒什麼兩樣，健康、快樂又聰明，偶爾也會調皮和闖禍。然而，兒子在進入小學不久之後，卻發生了上課不認真、不聽老師的話、注意力不集中的困難。父母眼中活潑可愛的孩子，竟成了老師眼中學習發生障礙的問題兒童；唐家原本無憂無慮充滿笑聲的生活，也因而增添了許多爭執與吵鬧。

　　經研究與治療兒童學習障礙聞名全球的普渡大學「兒童發展中心」的評估之後，發現丹尼斯的兒子雖然天資十分優異，但對於牽涉到時空順序的觀念卻倍覺吃力。問題的癥結在於，這個孩子的早期人生經驗有一些「空白」之處，也就是有一些在嬰孩時期應該發生的經驗，很不幸沒有發生！治療的方法是，帶領孩子逐一經歷那些沒有發生的「事件」，以彌補不該留白之處的記憶、經驗與心得。

　　經過輔導之後，丹尼斯的兒子在各方面都表現得相當出色。然而，丹尼斯卻對於孩子小時候因為自己的無知與疏忽，而感到非常的遺憾。如果在孩子剛出生時，就懂得小嬰兒日常生活的點點滴滴對於日後成長的影響是如此深遠，許多痛苦的冤枉路就都可以避免了。

　　因此，丹尼斯辭去報社的工作，邀請了「兒童發展中心」九位兒童心理博士與醫師（其中Dr. Hannemann曾任美國小兒科醫師學會副會長），共同出版了從出生到六歲每月一期的《Growing Child》。三十多年以來，這份擁有超過八百萬家庭訂戶的刊物，以淺顯易讀的內容，帶領了許多家長正確地解讀成長中的寶寶。在千萬封來信的迴響中，許多父母都表示閱讀了《Growing Child》每月的建議，只要在日常生活中略施巧思，即可輕鬆愉快地培養

孩子安穩的情緒（想喝奶時不哭鬧、遇見陌生人不害羞、充滿好奇心但不搗蛋……）、預防未來發生學習障礙（口吃、大舌頭、缺少方向感、左右不分、鏡像寫字、缺乏想像力、沒有耐性……），以及當寶寶遇到阻礙與挫折時，恰當地誘導他心靈與性情的成長。

小嬰兒一出生就是一臺速度驚人的學習機！孩子未來的智慧、個性以及自我意識都會在五歲以前大致定型。對於期待孩子比自己更好的家長們而言，學齡之前的家庭教育實在是一項無與倫比的超級挑戰！

《教子有方》不僅深入寶寶的內心世界，探討孩子的喜怒哀樂，日常生活中寶寶摔東西、撕報紙、翻書等的一舉一動亦在討論的內容之中。舉例來說，《教子有方》教導父母經由和寶寶玩「躲貓貓」的遊戲，來幫助寶寶日後在與父母分別時不會哭鬧不放人；《教子有方》也提醒家長，在寶寶四、五個月的時候，多帶寶寶逛街、串門子，以避免七、八個月大時認生不理人。

現代人的生活中，事事都需要閱讀使用說明書，《教子有方》正是培育下一代的過程中不可缺少的「寶寶說明書」。這份獨一無二、歷久彌新、幫助父母啟迪嬰幼兒心智發育的幼教寶典，針對下一代智慧智商（I.Q.）與情緒智商（E.Q.）的發展，帶領父母從日常生活中觀察寶寶成長的訊息，把握稍縱即逝的時機，事半功倍地培養孩子樂觀、進取、充滿自信的人生觀。《教子有方》更能幫助您激發孩子的潛能到最高點，為下一代的未來打下一個終生受用不盡的穩固根基。

推薦序——
啓蒙孩子的心智之旅

生命中很奇特的一件事，就是擁有一個孩子。為人父母者若具有足夠的知識來扮演他們的角色，這將是一件輕鬆、舒適及令人愉悅的事。

大部分的父母都希望他們的子女長大後是一位奉公守法的人、是一位體貼的伴侶，是一位真摯的朋友，以及一位與人和睦的鄰居。但是最重要的，是希望孩子們到了學齡的年紀，他們心智健全，已做好了最周全的準備。

正如在第一段所提到的，父母們若具有足夠的知識來扮演他們的角色，這將是一件輕鬆、舒適及令人愉悅的事。

早自1971年起，《教子有方》就針對不同年齡的孩子按月發行有關孩子成長的期刊。這份期刊的緣由可以追溯到其發行人發現他的孩子在學校裡出現了學習的障礙，他警覺到，如果早在孩子的嬰兒時期就注意一些事項，這些學習上的困難與麻煩就可能根本不會發生。

研究報告一再地指出，一生中的頭三年，是情緒與智力發展最關鍵的時期，在這最初的幾年中，75%的腦部組織已臻完成。然而，這個情緒與智商發展的影響力要一直到孩子上了三年級或四年級之後，才會逐步顯現出來。為人父母者在孩子們最初幾年中的所做所為，會深深的影響他們就學後的學習能力及態度。

譬如說：

*在孩子緊張與不安時，適時的給予擁抱及餵食，將會減少往
　後暴力的傾向。
*經常聆聽父母唸書的孩子，將來很有可能是一個愛讀書的
　人。
*好奇心受到鼓勵的孩子，極有可能終身好學不倦。

　　當你讀這份期刊的時候，你會瞭解視覺、語言、觸覺以及外
在的多元環境對激發大腦成長的重要性。

　　我對教育的看法，是我們學習與自己有關的事物。在生命最
初的幾年中，豐裕的好奇心與嫻熟的語言能力，將為孩子們一生
的學習路程紮下堅實的基礎。這也是一個良性循環，孩子探索與
接觸新的事物越多，他（她）越會覺得至關重要，越希望去發掘
新的東西。

　　你的孩子現在正踏上一個長遠的旅程，為人父母在孩子最重
要的頭幾年中有沒有花費心力，將會深遠的影響孩子一生。許下
一個諾言去瞭解你的孩子，這是父母能給孩子的最大禮物。

　　　　　　　　　　　　　　　《教子有方》發行人
　　　　　　　　　　　　　　　丹尼斯·唐

Preface （推薦序英文版本）

Having a child is one of life's most special events and this occurs with greater ease, comfort, and joy when parents assume their roles with knowledge.

Most parents want their child to grow up to be a good citizen, a loving spouse, a cherished friend and a friendly neighbor. Most importantly, when the time comes, they want their child to be ready for school.

As the first paragraph says, this happens with "greater ease, comfort and joy when parents assume their roles with knowledge."

Since 1971, Growing Child has published a monthly child development newsletter, timed to the age of the child. The idea for the newsletter goes back to the time when the publisher's son had problems in school. The parents learned that had they known what to look for when their child was an infant, the learning problems might never have occurred.

Research studies consistently find that the first three years of life are critical to the emotional and intellectual development of a child. During these early years, 75 percent of brain growth is completed.

The effects of this emotional and intellectual development will not be seen, in many cases, until your child the third or fourth grade. But what a parent does in the early years will greatly affect whether the child is ready to learn when he or she enters school.

Consider this:

 * A child who is held and nurtured in a time of stress is less likely to respond with violence later.

* A child who is read to has a much better chance of becoming a reader.
* A child whose curiosity is encouraged will likely become a life-time learner.

As yor read this set of newsletters, you will learn the importance of brain stimulatlon in the areas of vision, language, touch and an enriched environment.

My premise of education is that we learn what matters to us. During these early years, an enriched curiosity and good language skills will lay the foundation for a child life time of learning. It is a positive circle. The more a child explores and is exposed to new situations, the more that will matter to the child and the more that child will want to learn.

Your child is now beginning a journey that could span 100 years. The time you spend or don't spend with your child during the first few years will dramatically affect his or her entire life. Make the commitment to know your child. There is no greater gift a parent can give.

Dennis Dunn Publisher, *Growing Child,* May 2001

Dennis D Dunn

譯者序——
你是孩子的弓

　　長子出世時我還是留學生，身為一個接受西式科學教育，但仍滿腦子中國傳統思想的母親，我渴望能把孩子調教成心中充滿了慈愛，又能在社會上昂首挺胸的現代好漢！求好心切卻毫無經驗的我，抱著姑且試試的心理，訂閱了一年的《Growing Child》。

　　仔細地閱讀每月一期的《Growing Child》，逐漸發現它學術氣息相當濃厚的精闢內容，不僅總是即時解答日常生活中「教」的問題，更提醒了許多我這個生手所從未想到過的重要細節。從那時起，我像是個課前充分預習過的學生，成了一個胸有成竹又充滿自信的媽媽，再也沒有為了孩子的問題，而無法取決「老人言」和「親朋好友言」。

　　我將《Growing Child》介紹、也送給幾乎所有初為父母的朋友們。直到孩子滿兩歲時，望著樂觀、自信、大方又滿心好奇的小傢伙，再也按捺不住地對自己說：「坐而言不如起而行，何不讓更多的讀者能以中文來分享這份優秀的刊物？」經過了多年的努力，《Growing Child》終於得以《教子有方》的形式出版，對於個人而言，這是一個心願的完成；對於讀者而言，相信《Growing Child》將為其開啟一段開心、充實、輕鬆又踏實的成長歲月！

　　「你是一具弓，你的子女好比有生命的箭，藉你而送向前方。」這是紀伯倫詩句中我最喜愛的一段，經常以此自我提醒，在培育下一代的過程中小心不要出錯。曾有一友人因堅決執行每四個小時餵一次奶的原則，而讓剛出生一個星期的嬰兒哭啞了嗓子。數年後自己也有了孩子，每次想起友人寶寶如老頭般沙啞的

哭聲，就會不由自主喟然嘆息，當時如果友人能有機會讀到《教子有方》，那麼他們親子雙方應該都可以減少許多痛苦的壓力，而輕鬆一些、愉快一些。

生兒育女是一個無怨容易、無悔難的過程，《Growing Child》的宗旨即在避免發生「早知如此，當初就……」的遺憾。希望《教子有方》能幫助讀者和孩子無怨無悔、快樂又自信地成長。

KTSF26「營養人生」電視訪談製作與主持
加州防癌協會華人分會營養顧問

毛齊武

前言——
本書的目的和用意

《教子有方》的原著作者們，是一群擁有碩士、博士學位的兒童心理學專家，而我們的工作，就是在美國普渡大學中一所專門研究嬰幼兒心智成熟與發展的研究中心，幫助許多學童們解決各種他們在學校中所面臨有關於「學習障礙」方面的問題。

在筆者經常面對的研究對象之中，不僅包括了完全正常的孩子，同時也有許多患有嚴重學習障礙的孩童。一般而言，這些在學習上發生困難的兒童們，他們在心靈與精神方面並沒有任何不健全的地方，甚至於有許多的個案，還擁有比平均值要高出許多的智商呢！

那麼問題究竟出在什麼地方呢？這許多孩子們的共同特色，就是他們在求學的過程中觸了礁、碰到了障礙！

然而，為什麼這些照理說來，應該是非常聰明並且心智健康、正常的孩子們，在課堂之中即使比其他同年齡的同伴們都還要加倍努力地用功，結果還是學不會呢？

專家們都相信，在這些學習發生障礙的孩童們短短數年的成長過程中，必定隱藏著許多不同於正常兒童的地方。

雖然說，我們無法為每一位在學習上發生障礙的孩子，仔細地分析出問題癥結的所在，但在不少已被治癒的個案中，我們能夠清楚地掌握住一條共同的線索，那就是這些孩子們在他們生命早期的發展與成長的過程中，似乎缺少了某些重要的元素。

怎麼說呢？以下我們就要為您舉一個簡單卻十分常見的小例子，讓您能更深一層地明瞭到這其中所蘊涵的重要性。

在小學生的求學過程中，經常會有小朋友們總是把一些互相對稱的字混淆不清，並且也習慣性地寫錯某些字。譬如說，一個小學生可能會經常分不清「人」和「入」、「6」和「9」，也有很多學童老是把「乒」寫成「乓」！

顯而易見的，我們所發現的問題，正是最單純的分辨「左」、「右」不同方向的概念。

在經過了許多科學的測試之後，我們發現到一項事實，那就是一位典型的、具有上述文字與閱讀困難的小朋友，不僅在讀書、寫字方面發生了問題，往往這個孩子在上了小學之後，仍然無法「分辨」或是「感覺」出他自己身體左邊與右邊的不同之處。

大多數的小孩子們在上幼稚園以前，就已經能夠將他們身體的「左側」和「右側」分辨得十分清楚了。

但是有一些小孩子則不然，對於這些一直分辨不出左右的孩子們而言，當他們長大到開始學習閱讀、寫字和數數的時候，種種學業上的難題就會相繼地產生。

一般說來，一個正常的小孩子在他還不滿一歲的時候，就已經開始學習著如何去分辨「左」與「右」。而在寶寶過了一歲生日之後的三至五年之內，他仍然會自動不斷地練習，並且去加強這種分辨左右的能力。

但是，為了什麼有些小孩子學得會，而有些小孩子就怎麼也學不會呢？

答案是：我們可以非常肯定地說，嬰幼兒時期外在環境適當的刺激和誘發，是引導孩子日後走向優良學習過程最重要的先決要件。

更重要的是，這些發生於人生早期的重要經驗，會幫助您的孩子在未來一生的歲月中，做出許多正確的判斷和決定。

在本書中我們將會陸續為您解說如何訓練寶寶辨認左右的能力。這雖然是相當的重要，但也僅只是一個孩子成長的過程中，

許許多多類似元素中的一項而已。而這些看似單純自然，實則影響深遠的小地方，相信您是一定不願意輕易忽視的。

如果您希望心愛的寶寶在他成長的過程中，能夠將先天所賦予的一切潛能激發到極限，那麼從現在開始，就應該要為寶寶留意許許多多外在環境中的細節，以及時時刻刻都在發生的早期學習經驗！

這也正是我們的心意！何不讓本書來幫助您和您的寶寶，快樂而有自信地度過他人生中第一個、也是最重要的六年呢？

親愛的家長們，相信您現在一定已經深刻地瞭解到，早期的成長過程以及學習經驗，對於您的寶寶而言，是多麼的重要！

筆者衷心要提醒您的一點就是，這些重要的成長經驗，並不會自動地發生！身為家長的您，可以為寶寶做許多（非常簡單，但是極為重要）的事情，以確保您的下一代能夠在「最恰當的時機，接受到最適切的學習經驗」！

本書希望能夠為您指出那些我們認為重要，而且不可或缺的早期成長經驗，以供您為寶寶奠定好自襁褓、孩提、兒童、青少年，以至於成年之後的學習基礎。

在緊接著而來的幾個月之中，以及往後的四、五年之內，您最重要的工作，就是為寶寶（一個嶄新的生命）未來一生的歲月，紮紮實實地打下一個心智成長與發展的良好根基！要知道，身為家長的您，正主宰著寶寶在襁褓以及早期童年時期，所遭遇到的一切經歷！

您必然也會想要知道應該在什麼時候，去做些什麼事情，才能夠為您心愛寶寶的生命樂章，譜出一頁最美妙、動人而又有意義的序曲。

我們希望能夠運用專業的知識，和多年來與嬰幼兒們相處的經驗，成為您最得力的助手。身為現代的父母，請您務必要接受本書為您提供的建議！

現在，讓我們再來和您談一談我們所輔導過的個案，也就是那些雖然十分聰明，但是卻在學校裡遭遇到學習困難的孩子們。

我們發現，在絕大多數這些孩子們早期的成長與發展過程中，都存在了或多或少未曾連接好的「鴻溝」。而我們在治療的過程中，所最常做的一件事，就是設法找出這些「鴻溝」的所在，並且試著去「填補」它們。值得慶幸的是，這一套「填補鴻溝」的做法，對於大多數我們所輔導的個案都產生了正面、而且相當有效的作用。

然而，同時也令我們感到非常惋惜的，就是如果這些不幸孩子的父母，能夠早一點知道他們的孩子在成長的過程中所需要的到底是什麼，那麼大多數我們所發掘出來的問題（鴻溝），也就根本不會產生了。

總而言之，本書想要做的，就是時時刻刻提醒您，應該要注意些什麼事情，才能適時激發孩子的潛力，並且「避免」您的孩子在未來長遠的學習過程中遭遇到困難。

目錄

第一個月

第二個月

第三個月

第一個月

可怕還是可愛？

「可怕的兩歲」（terrible two）是歐美國家對於兩歲寶寶慣用的稱呼，而在中國社會中，「兩歲的孩子狗都嫌」也是一種經常聽到的說法！這些直接與間接異曲同工的形容，清楚地描繪出您的寶寶在目前這個年齡所具有的鮮明特質。

活潑、可愛、好奇又好動，半大不小、似懂非懂的寶寶，十足地惹人疼愛，討人歡心。

然而，在寶寶倔強不屈、使壞發脾氣、不聽話的時候，也著實能讓人傷透腦筋與大呼吃不消。

親愛的家長們，您家中剛滿兩歲的寶寶是否也經常會令您陷於一種愛恨交織、哭笑不得的情緒中，不知該如何來面對這份愛的挑戰才好呢？

《教子有方》在過去，已經藉著《0歲寶寶成長心事》和《成功的關鍵就從1歲開始》兩本書帶領您深入寶寶的內心世界，成功地陪伴寶寶快樂並有自信地成長！在《2歲寶寶成長里程》一書中，我們將繼續這份努力，逐月為您解說寶寶所必經每一項重要的成長里程碑，使「可怕的兩歲寶寶」搖身一變成為家人心中「可愛的兩歲寶寶」！

是獨立自主，不是反抗

兩歲的寶寶有一個貼切的同義詞，那就是「力爭自主」！這是身為家長的您所必須隨時銘記於心，並且要誠懇接受的一個事實。您的寶寶除了正強烈地渴望著自我的歸屬，更喜歡盡情地宣洩與表達內心的感受！請仔細想想，寶

寶近來是否經常主動地以「不」、「拿」、「給」……等字眼，來讓周圍的親人明白他的心意？

在兩歲的寶寶迫切地掙脫父母層層的保護、看守與照顧追求獨立的過程中，您該如何協助並鼓勵寶寶的成長？您又該如何避免親子之間難免發生的摩擦和負面情緒呢？

疏導比圍堵有效

首先，請您以一顆包容的心，來看待兩歲寶寶「好管閒事、愛湊熱鬧」的特質。大家都知道，對於父母而言，寶寶的熱心所代表的就是憑空增添的麻煩和許多額外的清理工作，但是請您務必要全心接受，並且善加利用寶寶的好意。與其不准寶寶做這，不准寶寶做那，不如接受寶寶的「熱心」，容許他為您做些有用的事，因為唯有如此，方能達到皆大歡喜，親子雙贏的地步！

試試看，帶領您的寶寶，以他能力所及的方式來做做家事。舉個簡單的例子來說，您可以提供寶寶一小塊抹布，讓他擦乾桌子上的水，或是教導寶寶使用小型掃帚來清掃地上的紙屑。當家長們以「灑掃庭院」的方式來安排寶寶的熱情，發洩他旺盛精力的同時，不但大人們可以得到不被寶寶騷擾的安寧，寶寶也可培養重要的責任感，在自然而然之間懂得如何以健康愉快的熱切心情，積極地迎接日後所必須面對各種不同的責任！

幫著寶寶做家事還有另外一層好處，那就是可以早早地讓孩子養成良好整齊與清潔的好習慣！許多家長們在孩子稍大之後，用盡心思也無法幫助孩子自動清理玩具雜物，原因很可能就是在孩子生命早期的發展中，欠缺了料理生活內務

的實際經驗！

做一位勤於解說的好老師

當您帶領著兩歲的寶寶一起「幹活兒」的時候，請您養成和寶寶邊做邊聊的好習慣！為寶寶解說你們所做的每件事，使寶寶在「勞動筋骨」的同時，還能學習生活中各種重要的概念，豐富、多元的字彙，以及正確的文法與用語！

以下讓我們利用「把地上的玩具撿起來收好」這個例子，來深入地探討為寶寶解說的細節，幫助您做好完全的心理建設，裝備好「諄諄善誘」的心態，使您在實際生活中，能夠輕鬆自信地與寶寶一同作息，一同學習！

要幫助寶寶建立玩具不玩了立刻收好的好習慣，家長必須隨時提醒並主動帶領，千萬不要拖拖拉拉，等到一天的尾聲，寶寶已筋疲力盡想睡覺的時候，甚至於到了第二天早晨，才來收拾滿室的凌亂。最有效的方式，是及早培養寶寶「玩完一件玩具收好後，再拿另外一件玩具」的好習慣！剛開始的時候，您無可避免的必須要「隨侍在側」主動地幫寶寶，或是要求寶寶將不玩的玩具立即收好，但是只要您堅持一段時間，久而久之，您將可以不必再親自動手，光靠口頭的叮嚀與指示，即可提醒寶寶將不玩的玩具立即收好。

此外，當您對兩歲的寶寶下達口頭指示時，請務必仔細地、清楚地做到「一個動作，一個指令」的地步，儘量避免以籠統概括的用語來對寶寶做口頭上的要求。舉例來說，兩歲的寶寶對於「把玩具收好」這句話的反應，多半會是愣頭愣腦，一副不知該如何是好的模樣。然而，寶寶卻會對「來！我們先把大卡車收到櫃子裡」、「現在我們把小車子

放回盒子中」等單一且明確的指令感到十分有興趣，並能主動、愉快地採取實際的行動來回應！

生活就是全方位的學習

寶寶一旦能夠積極主動地隨著您的帶領來「做家事」時，各式各樣不同的學習也就在同時迅速地展開了！

繼續以上的例子，寶寶對於物體在三度空間中的排列整理，自我與身外之物在空間中的相對位置，以及物體之間彼此的互動，將會產生以下幾項重要的學習：

■ 肢體與概念同步的延伸！當寶寶蹲在地上，努力伸長小手去撿拾散落四處的車子時，他必須拉扯小小的身軀，才能碰得到遠處的車子，將車子拾起來。寶寶還要再踮起腳才能將車子放回櫃子裡！同時，因為您在一旁不停的解說，寶寶也會全神貫注地體會「桌子下面」、「門後面」、「櫃子上層」等日常用語的真實意義，並且立即將這些「新名詞」和每一個動作組合配對，把小小的腦子鍛鍊得更加清晰與透徹！

■ 寶寶會更深一層地懂得「大」卡車和「小」汽車之間相對尺寸的差別。

■ 當寶寶聚精會神地聆聽您將一件工作分段口述，指引他逐步完成的同時，不但他的字彙能因而增加，他對語言結構中的前因後果、起承轉合，也會產生深刻的印象，這對於寶寶日後學習造詞造句，流暢清晰地與人溝通，將會產生十分有效的助益！

對付小小「慢郎中」

除了要學習簡明扼要的溝通方式，在訓練寶寶「做家事」的過程中，您和寶寶的兩人小組，也很可能會發生「急驚風遇上慢郎中」的窘境！兩歲大的孩子喜歡閒散晃盪、拖拖拉拉地做事，而家長們在分秒必爭的生活步調中，往往愈是希望寶寶動作快一點，他愈是慢條斯理，絲毫不著急！當這種情形發生的時候，您可以試試以下所列的幾個方法：

■ 養成提前預警寶寶的習慣！在每一件事將要發生之前，提早通知寶寶，給他足夠的心理準備，並且容許他悠哉一會兒。對寶寶說：「再玩五分鐘，我們就要把積木收拾好，準備上床睡覺了！」

■ 讓寶寶小小的心靈對於他正在做的事、或是正浸淫其中的玩具，有一個劃上休止符和說再見的機會。容許寶寶從容地給小熊一個深深的擁抱，或是給芭比娃娃一個飛吻。

■ 出一題選擇題給寶寶做！帶寶寶出門購物，問問他：「想自己走路還是坐小推車？」而一旦寶寶做了選擇，您務必要遵守承諾，尊重他的決定！

■ 如果以上所有的方式都失敗無效，您還有最最有效的一招，也就是所謂的「利誘」！告訴寶寶：「快快把鞋子放進鞋櫃中，我們去廚房看一個好玩得不得了的東西！」等寶寶收好了鞋子，您可以帶他到廚房中變一個簡單的把戲，例如將幾個杯子疊羅漢地搭成高塔之後，從最上層開始裝水，展示一個小小的人工瀑布！

以上這些建議，除了能幫助您避免陷入親子對立的困境，同時還能激發寶寶多方面的學習！譬如說，當您以倒數計時的方式來爲寶寶下一個將進行的活動暖身時，您即在寶寶不知不覺中爲他灌輸了組織時間的觀念！寶寶將會很快地學會「馬上」、「還有一陣子」和「最後五分鐘」所代表的意義。當寶寶做選擇題時，他不但會藉著回答問題來增加語彙（續前例「走路」、「推車」），同時更能深切感受到您對於他所作決定的尊重，而在日後更加願意主動地配合您的「選擇題」！

親愛的家長們，在漫長的人生旅途中，您與子女之間的關係正如每一種人際關係般，必須時時保持良好的互動，不斷地更新，並且時時加以適當的修正。您和寶寶之間雖然存在著無法分割的血脈關係，但是必然也是時有歡樂融洽，時有氣憤錯愕！兩歲的寶寶正面臨著生命之中「定義自我」的挑戰，在他快速地學習、成長和改變的同時，《教子有方》願意幫助您把腳步踏穩，胸有成竹，輕鬆愉快地與寶寶共同改變，共同成長！祝福您在讀完此書，輕鬆地走進這「可愛的一年」之後，能夠擁有一份更加美好的優質親情！

 ## 你的孩子又動手打人了！

每當有人來告狀：「寶寶打人」、「踢人」或是「咬人」時，爲人父母的心情，必然是五味雜陳、鬱悶不樂的。在腦海中同時出現的許多想法中，很多人的第一個反應是：「怎麼可能？我的孩子不可能會做這種事！」

接下來，在親眼目睹，或是不得不承認寶寶攻擊他人的

事實時，父母多半會驚恐與沮喪地反省：「曾幾何時，我的孩子怎麼會變得如此的暴力和可怕？」再加上被攻擊那一方的家長心疼與焦慮地「火上澆油」：「你看你看！腫了一個大包！只差一點就傷到眼睛了……！」就算是平時性情涵養再好的人，此時也會開始焦躁不安了。而當情緒激動的家長緊張地開始質問寶寶：「你為什麼打人？」時，滿臉無辜的孩子，很可能會理直氣壯地頂回一句：「是他先打我的！」

　　當事情演變到雙方面大人與孩子都已頭頂生煙，火冒三丈，即將失去理智，開始意氣用事的節骨眼兒上時，您將如何處理，才能面面俱到，全身而退呢？

　　《教子有方》建議家長們，當上述類似的情形發生時，請務必要控制住想要弄清楚「誰對誰錯，誰先動手……」的衝動，不要無濟於事地試著追溯整個事件的前因後果。此時此刻唯一重要的一件事，是您的寶寶必須明白，不論在任何情況之下，打人、踢人或是咬人等肢體的攻擊，都是絕對不能被他人所接受的行為。您要嚴正地、不苟言笑地對寶寶說明這個道理，孩子自然就會因為明白自己的行為不正確，而使整個紊亂的狀況變得比較容易控制與結束！

　　接下來的「回家功課」，則比較棘手，比較需要時間與花費心思。每一個會「動武」的孩子，都必須學習如何才能不再使用蠻力來解決人與人之間的問題！

　　如果您的寶寶也逐漸開始展現出這種「暴力」的傾向，在您冷靜帶領寶寶矯正行為的過程中，請先不要把事情想得太過複雜。寶寶的行為不是不良的遺傳基因在作祟，也不是心靈被迫害或是人格受損的負面反應，原因其實很單純，兩歲的孩子還不懂得如何控制與發洩自己的情緒。因此，在

他極端興奮、生氣或是沮喪時，往往會不知所措地以「動手、動腳、動口」的方式，來表達自己。在寶寶兩歲到三歲的這個年齡，正是他上演「全武行」最為頻繁的時期，而這種行為在寶寶漸漸長大，慢慢能夠開始以語言來與人溝通之後，便會自然而然地不再經常出現了。

負面的情緒，是每個人在生命之中必定會經驗到的！當處於氣憤填膺、胸中怒火一觸即發的時刻，不論是成人還是幼兒，是男性還是女性，都必須勉力控制自己，避免在情緒失控錯亂時，忍耐不住而做出激烈與衝動的行為。

簡易「馴兒術」

為了警戒自己的孩子不再「動粗」，有些家長會用膠布貼住咬人的小嘴，或是用繩子綁住打人的小手，以訓練動物的方式，來訓練寶寶「文明的行為舉止」！

也有些家長會在寶寶踢了人之後，立即更加用力地反踢他一腳，讓寶寶知道被踢的滋味不好受，並且明白人類「以牙還牙，以眼還眼」的本能！更有家長會以暴制暴的用體罰的方式，來加深寶寶「犯罪」之後的痛苦！《教子有方》絕對不建議您採用以上的任何一種方式，來教育您心愛的寶寶。基本上說來，這些十分激烈凶惡的手段，不僅不會發生效用，還會留下不良的副作用！

那麼，您該如何來中止兩歲寶寶駭人的行為舉止呢？以下是我們為您所提供的簡易「馴兒術」：

- 對於已有「前科」的寶寶，應隨時提高警覺，尤其在寶寶和他的小小玩伴們共處的的時候，更是不可掉以

輕心。家長們應該密切注意寶寶的情緒，一旦他開始顯露出生氣憤怒、煩躁不安或是疲累睏倦的跡象時，打人、咬人或踢人的事件，就有可能會在短時間之內發生！

以防患未然的心態，在時機尚未成熟之前，即早插手，採取恰當的預防措施。如果寶寶已被小朋友欺侮、激怒或是嘲笑得十分不知所措了，那麼家長應該當機立斷，立即帶寶寶遠離現場，以「全身而退」的策略，來避免一場難以收拾的肢體衝突。

「亡羊補牢，為時未晚」。假如「事件」已經發生，家長必須竭盡一切努力，保持冷靜、溫和的態度與堅決的立場，讓寶寶明白，並且深刻地記得：「不論在任何的情況之下，絕對不可以對他人採取肢體上的攻擊！」您可以立即單獨地將寶寶帶到一間房間中，讓孩子有安靜下來整理自我的空間與時間。

兩歲多的孩子可能還會繼續哭鬧、尖叫一陣子，只要他沒有做出什麼自我傷害的行為，家長們不妨耐心安靜地等待一陣子，大約十到十五分鐘以後，寶寶多半會恢復他原有的理智，平靜地接受您的安慰與教導。

教導寶寶使用非攻擊性的行為，來宣洩和表達他的憤怒與沮喪。漸漸地，寶寶必須學會運用言語來表達自己的不滿，並且阻止他人不合理的言行。在他的言語發展尚未成熟之前，過渡的方式是讓寶寶養成習慣，在生氣的時候尋找大人的幫助。不論是自己的媽媽或是對方的媽媽，都可幫助寶寶以言語來化解糾紛，重新創造和平。當然囉，這一部分的學習，是需要父母

親付出決心和耐心，假以足夠的時間與練習，才能逐步達成的。

總而言之，兩歲寶寶的「暴力傾向」完全源自於他尚未成熟的語言技巧以及仍在學習之中的自我控制能力！

細心與體諒的教導與陪伴，絕對要比嚴厲的處罰來得有效。親愛的家長們，請試試看以上我們為您所列出的建議，相信用不了多久的時間，寶寶動手、動口或動腳的頻率就會顯著地減少！如此的結果，將直接反應出父母深切的愛心與正確的教導，也代表著該是您給自己一個獎勵的好時機！在極為少數的情形中，寶寶「動武」的次數不但沒有因著父母苦心的誘導而見改善，反而隨著時日增加，變本加厲地惡化，建議家長們可在自行努力了一、兩個月仍然沒有顯著進展之後，即早尋求小兒科醫師或是兒童心理醫師的協助，以專業的方式來幫助寶寶解除他的難題。

訓練思考能力的遊戲

在一個生命發展思考能力的過程中，強壯正確的理解能力，能將寶寶生活中每一項看來理所當然的事實，藉著因果的推敲，連接成為四通八達的「思路」，為寶寶日後面對困難、解決問題的能力，做好既寬且廣的紮根工作！

本文將為父母們介紹一系列在遊玩中增進寶寶理解力的活動。這些親子遊戲，雖然對寶寶而言可能還有些困難，但是當您帶領寶寶共同玩耍的時候，孩子不僅可以享受到與您合作的親密關係，更會全神貫注、聚精會神地在小小的腦海

中仔細揣摩您的一舉一動，以伸展思想的觸角，激盪成長中的心智。

藏鈕扣

首先，您可以先為寶寶的思路做一些「暖身運動」！將一枚鈕扣在寶寶的注視之下，放進一個有蓋的小型容器之中，反覆讓寶寶觀察「放進去」和「取出來」的過程，並且教會寶寶自行打開容器，找出鈕扣！而當您認為寶寶已能完全瞭解鈕扣被「收藏」在容器中的道理時，即表示他已經準備好開始嘗試一些更富於挑戰的推理活動了。

接下來，請您仍然使用上文所述的鈕扣，但捨棄小型容器不用，改用一小塊麵團或是黏土。先將鈕扣與黏土分置於左右兩手，同時展示給寶寶看，然後將雙手藏在背後，快速地把鈕扣按入黏土中隱藏起來。試試看，當您再度攤開只見黏土而不見鈕扣的雙手時，寶寶的反應會是如何呢？他會到您的身後去尋找那枚鈕扣嗎？他會拾起黏土仔細翻轉和檢查嗎？還是用茫然的眼神盯著您，等候您進一步的動作與指示呢？

兩歲的寶寶，即使是曾經有過揉麵團和玩黏土的經驗，也很不容易理解鈕扣被完全埋藏在黏土之中的竅門！因此，家長們可以努力地為寶寶提供線索，如掰開橘子般一塊一塊地將黏土分解開來，讓寶寶幫助找出鈕扣。您也可以讓寶寶看著您在另外一塊黏土上壓入一個銅板，鼓勵寶寶用他的小手將銅板從黏土中摳出來，然後，您可以再將先前那一塊看不見鈕扣的黏土交給寶寶，看看他是否也會「自然而然」地想要從黏土之中將鈕扣挖掘出來！

當寶寶已能一目了然地看出「黏土藏鈕扣」的把戲之後，您還可以乘勝追擊，更進一步地挑戰與激盪寶寶的理解力。

試試看，如果您將一張紙牌在寶寶沒有看到的時候夾入書中，寶寶是否能經由類似上文所述在黏土中找鈕扣一般，學會翻動書頁來尋找紙牌呢？

只要寶寶在成長的歲月中，能夠持續並且由淺入深地被誘導著動動腦，想辦法藉著推理來解決問題，那麼假以時日，每當一個新的難題出現時，寶寶必然能從過去的經驗與心得之中，更上一層樓，自由且活潑地發揮他的理解力，無師自通地「參悟」許多因應難關的道理與方法！

妙妙杯

接下來，讓我們來施展一個障眼手法，看看聰明的寶寶是否會被唬住！將一個紙杯的內部用膠水和紙片貼出以假亂真的另一層杯底，在杯底的夾層中預藏一截毛線，使得這個杯子從外表上看來，是一個沒有什麼不同之處的空杯子。

當訓練有素的好奇寶寶發覺杯子外層的高度和內層的深度不一樣的時候，他多半會很自然地用手戳一戳杯底，搖晃一下杯子，或是把杯子在桌上敲一敲！經過幾番不同的嘗試，寶寶會以他的方式揭開「假杯底」，找出預藏在杯中的一段毛線，以一種絲毫不覺得受騙了的心態，繼續在這個充滿了眼、耳、心智未曾想像過的奇妙世界中，學習，學習，再學習！

最後，我們願意提醒家長們，在本文所介紹的各項活動

之中，寶寶是否能成功地「解答」每一個難題，並不是成長的重點，重要的是，寶寶必須親身參與這些需要「想想看這是怎麼一回事」的活動！在家長們細心與耐心的帶領之下，寶寶會快樂地從旁觀者角度，自我鍛鍊條理分明的思路與邏輯推理的能力，輕鬆自然地在解決問題的能力上，更上一層樓！

聽力障礙

　　根據保守的估計，在美國大約有5%的學齡學童因患有輕度以上的聽力障礙，而需要校方特別的協助與輔導。這個數字如果再加上那些聽力輕微受阻的兒童，就必然更為可觀了。

　　一個聽力不健全的孩子，不論他是多麼的聰明與靈敏，都會在詮釋他所聽到的聲音時發生困難，連帶地在學習說話方面，也會受到相當的阻礙！孩子不說話、說得太慢、說得太快和說話令人極為難懂，都有可能是聽力障礙的症狀！一般說來，父母的直覺與觀察，是早期發現兒童聽力障礙最重要的一環。如果家長們能夠大致正確地為醫師指出寶寶學習的進度、字彙的數量和種類，那麼潛藏的聽力障礙就不難即早被發現、治療與補救了！

　　因此，建議家長們要隨時留心寶寶的語言發展，定期做一些簡明扼要的紀錄，做好「不怕萬一」的周全準備，以免拖延就醫時機。

小心誤食意外

「好奇」是幼小兒童的天性，更是他們融入這個花花世界的嚮導。然而，好奇心也會導致寶寶誤入危險的禁地，引發不幸的意外事件。當寶寶開始對家中形形色色的各種瓶瓶罐罐發生興趣時，誤食的意外事件就十分容易發生了！

兩歲的寶寶也是善於模仿的，凡是他們曾經看過的一舉一動，舉凡泡茶、抽菸、點火、吃藥等等，都是寶寶蠢蠢欲動、躍躍欲試的有趣行為。家長們因而要在這段期間特別提高警覺，以萬全的準備，來預防不幸事件的發生。

根據統計，在自己家中的意外事件，多半發生在父母或保母正在專注心思做其他事情的時候！換句話說，當您正在全神貫注切菜、看電視、講電話或是上網時，也正是寶寶最容易發生意外的時刻。而在大多數不幸事件中，因誤食而造成嚴重傷害事件的罪魁禍首，許多都是家中常見與必備的藥品、溶劑或是清潔劑。

萬全準備杜絕意外

以下我們所列出的項目，是每一位家有幼兒的父母都應該仔細研讀、時時銘記在心，並且切實做到的！在養兒育女的過程中，唯有「不怕一萬，只怕萬一」的心態，才能有效地防止意外的發生。

■ 家中一切的藥品和所有的瓶瓶罐罐，都必須收在可以上鎖或是寶寶完全接觸不到的廚櫃中！千萬不要低估

了兩歲寶寶「翻箱倒櫃」和「飛牆走壁」的功力，一旦他的好奇心和占有慾被啓動，小小的寶寶想盡一切方法，多半都會達到他的目的！

■ 絕對不可讓寶寶單獨和有危險性質的「凶手」在一起，即使只是一秒鐘的時間也不可以！當您轉身去接個電話的瞬間，行動快速的寶寶可能已經得手了，而危險物質戕害身體的速度，也會猶如「迅雷不及掩耳」般，一發不可收拾！

■ 養成習慣，不要在孩子面前服用任何的藥品！兩歲的寶寶雖然善於模仿，但卻完全不知輕重，無法理解誤食藥品的嚴重後果！

■ 當您購賣成藥或是其他具有誤食中毒可能性的產品時，請儘可能選用裝有兒童無法打開的安全瓶蓋的容器！根據美國消費安全委員會（U.S. Consumer Product Safety Commission）的估計，每年至少有數百名兒童的性命，是因爲使用安全瓶蓋而得以保全。

■ 家中一般藥品應存放在貼有正確標籤的原始容器之中。如此一來，不僅可避免家人誤食，而一旦誤食，也可立即對症下藥，不致延誤治療的時機。

■ 切忌在黑暗中服藥。一方面避免誤食，另一方面也能防止藥品不愼遺落，日後被寶寶尋獲而誤食。

■ 仔細閱讀家中一切用品的成分，確認每一項潛在的危險因子，以及誤食之後正確的處理方式。

■ 不要擅自給寶寶吃藥，尤其是需要醫師處方的藥物，更是不要隨意讓寶寶服用。這是極端危險的作法！

■ 定期出清藥箱與櫥櫃中過期與不再使用的產品！丟棄

時務必仔細包裝，以免家中幼兒和寵物誤食。

■ 建立寶寶對於藥品的正確觀念！當寶寶生病必須服用藥物時，應該清楚地為孩子解說藥品的功用、性質與危險性。千萬別在吃藥的時候騙寶寶說是吃糖，灌輸寶寶錯誤的觀念，讓他以為藥和糖是一樣的，是安全又好吃，是父母許可的食物。

■ 教導寶寶誤食中毒的嚴重後果，不斷地提醒寶寶，除非是百分之百安全的食物，任何其他的物體只要放入口中，都是有危險的！寶寶必須學會對不確定的物體，不論是食物也好，非食物也好，都絕對不可放進口中的道理。家長必須重複再三地耳提面命、仔細叮嚀，直到寶寶完全學會為止。

總而言之，父母隨時隨處的警覺與戒心，是預防誤食中毒最有效與最重要的防線！假如意外不幸發生，那麼快速求醫則是救護過程中最關鍵的一項。大多數在誤食後立即被送醫治療的孩子，都可避免終生永久性的傷害。

親愛的家長們，為了維護寶寶的安全，請您在熟讀本文之後，務必持之以恆、絕不鬆懈地每日切實履行以上的建議。千萬不要因為一時的疏忽，而造成終生遺憾的後果！

 ## 水該怎麼辦？

沒有固定形狀與造形的材質（例如沙和水），可以增進寶寶對於非形體的定量（Shapless quantities）經驗。在孩子日後的成長過程中，他必須具備對於非形體材質的判斷力（例

如海水的深淺）、測量力（例如淘米煮飯、和粉揉麵）以及理解力（例如泥濘可使車輪空轉）。因此，我們為寶寶設計了以下的活動，藉著孩子在遊戲中的表現，提供家長們評估孩子的學習經驗，以及作為修正未來學習方面的依據。

如果您兩歲大的寶寶在這之前，已有一段時日（數個月）自由玩沙及戲水的經驗，那麼他應該已經可以接受「測驗」了！這些「測驗」需要寶寶利用過去的經驗，而來預測下一步即將發生的結果，同時也更進一步地提升寶寶的思想範疇。

水會不會滿出來啊？

蒐集三個口徑一致，但是深淺（即高矮）不同的透明杯子。將三個杯子在寶寶面前按照高矮一字排開，並且在中號的杯子中注滿水。指著最大的一個杯子問寶寶：「猜猜看，這個大杯子可不可以裝得下所有的水呢？」不論寶寶的回答是「可以」還是「不可以」，您都要接著說：「讓我們來試試看！」然後將中號杯中的水倒入大號的杯子中：「喔！這個大杯子把所有的水都裝下了！」

然後將大杯子中的水倒回中號杯，針對小號杯重複上述的問題，再將水倒入小號杯中：「不行，這個杯子太小了，裝不下所有的水，你看，水滿出來了！」

這項比較高矮的活動，其實十分簡單與直接，寶寶應該很快就能抓住竅門，正確且迅速地學會其中的道理。

接下來，您可蒐集三個一樣深淺（即相同高度），但是口徑不同（即胖瘦不一）的杯子或容器，來和寶寶玩玩同樣的遊戲。從邊想邊學的過程中，寶寶應該也能很快地明白，

胖的杯子可裝最多的水，而瘦的杯子最不能裝水的道理。

　　難度最高的玩法，是將上文所述兩套不同的杯子或容器全部混合在一起（六個杯子，三個不同的高度，三個不同的寬度），甚至於再多添加幾個不同尺寸的杯子。隨興將其中一個杯子裝滿水，指著另外一個杯子問寶寶：「水會不會滿出來啊？」當然囉，剛開始的時候，大多數兩歲的寶寶在這個高難度的遊戲中，都會半想半猜地回答您的問題，他自行答對或是不小心猜對的機率大約都是50%，家長們應以平常心看待寶寶的答案，因為重要的不是寶寶一百分的表現，而是在他不斷練習的過程中，所接受到的腦力激盪與訓練！

　　建議家長們，在和寶寶玩這個遊戲時，能以慧心與巧思來增加其中的趣味性，以免寶寶因為難度太高或總是猜錯而打退堂鼓。您不妨和寶寶輪流出題，輪流回答，讓猜對的人可以繼續在下一回合中出題！您也可以讓寶寶和另外一個孩子（兄弟姊妹或是玩伴），來個小小的猜題比賽，準備一些小獎品（貼紙或糖果），來提高寶寶答題的動機與興趣。總而言之，家長們在這項活動中的任務，就是要想辦法使寶寶能不厭其煩地一玩再玩，而在每一次猜對和猜錯的過程中，漸漸領會這些看來高矮胖瘦長相不同的杯子，真正的不同之處！

試試「水性」

　　除此之外，您還可以嘗試其他幾項有關於水的有趣「測驗」。

　　考一考寶寶，篩麵粉的篩子是否能裝水？

　　在一個空的牛奶紙盒中裝滿水，如果在紙盒攔腰之處打

一個洞，水會不會全部漏光呢？如果洞打在紙盒的底部，水又是否會流光呢？

在小盤中放一些沙，讓寶寶倒一些水在沙子中。「水到哪兒去了呢？」、「水躲在沙子中嗎？」、「讓我們把沙子倒出來，找找看水躲在哪兒啦？」

將透明容器裝滿水，請寶寶猜猜：「如果把這塊大石頭沉到容器中，水會怎麼樣？」兩歲的寶寶當然是無法理解其中的物理定義的，但是如果他能親眼目睹水被石頭排出容器的情景，那麼這個鮮明的印象，即將深深刻劃在寶寶的腦海中，在適當的時機來臨時，成為寶寶學習的基石。

親愛的家長們，《教子有方》邀請您盡情發揮未泯的童心，帶領寶寶進入水的神妙王國，一同玩耍，一同成長！

是口吃嗎？

口吃，一種不由自主、重複或延長會話中某一個音節、單字或片語的現象，通常會在孩子兩歲到五歲的這段時間之內顯現出來。

兩歲多的孩子正處於一個語言技巧與口腔肌肉活動同時快速發展的階段。舉例來說，寶寶此時不但需要鍛鍊連續長時間運作發聲肌肉的能力，快速累積他所能運用自如的字彙，更應開始學習將較多的單字拼湊成較長的句子。當這許多「學習」的壓力同時出現在寶寶的生活中時，許多的孩子都多多少少會經驗到一段或短或長的「口吃」經驗！

在語言學（speech-language）的歷史中，學者們曾經深信不疑地認為口吃的發生，源自於父母對孩子所說的話過度

注意。因此，往往愈糾正，情況就愈惡化，而最佳的處理方式，就是若無其事地假裝沒聽到，讓孩子在忘掉緊張、免除壓力的情況之下，自然而然地不再「口吃」！

然而，學術界目前所知發生口吃的原因有許多，有不少現代語言病學專家（Speech-language pathologist）已經藉著早期發現、早期糾正與治療，以「直接回饋」（direct feedback）的鼓勵方式，成功地醫治了許多的幼兒！

口吃的指標

對於家中有「口吃」寶寶的父母們而言，當務之急，是多多瞭解問題的癥結，並且努力尋求協助的方法，當以下所列的幾項指標，已明顯地發生在寶寶身上時，家長們便應即時帶領寶寶，就醫配合語言病學專家為寶寶所設計的課程，早日展開校正的訓練：

- 家族性口吃的傾向。
- 寶寶在許多字句開始或中間的部分會不斷地重複或延長。
- 當寶寶重複同一語音時，通常都在三次以上。
- 寶寶會將某一字音拖長至少兩秒鐘以上。
- 每當寶寶重複或拖長字音時，他的面部表情或肢體動作都會顯得誇張與激動。
- 旁人可以聽得出寶寶在重複字音時，喉嚨中所發出緊張尖銳的聲音。
- 當試著與人交談溝通時，寶寶會顯得十分窘迫。

避免口吃的準則

　　而對於家中幼兒尚且無口吃跡象的家長們而言，《教子有方》建議你們能以「預防勝於治療」的心態，來重視寶寶語言的發展。以下我們列出了一些簡易的準則，避免口吃的問題發生在寶寶身上：

■ 儘量避免將家庭生活與寶寶的時間表安排得太過於緊湊，使成長中的幼兒得以安然無壓力地迎向生命中的每一個環節。家長們應隨時銘記於心，所有的兒童都會在興奮或是著急的時候，說話說得結結巴巴、上句不接下句。因此，對於尚在學習說話的兒童而言，愈是減少類似的機會，就愈能預防日後養成結結巴巴，難以改變的壞習慣。

■ 多和寶寶建立「質量並重」的雙向溝通，鼓勵自己，也鼓勵寶寶養成彼此單獨相處、不被干擾且專注的對話方式。當寶寶以童言童語表達自己，與人分享他的思想與感情的時候，周圍的家人要能付出等量的耐心與尊重。總而言之，父母們應排除萬難，為寶寶營造一個「說」與「聽」都是愉快與有趣的語言空間。

■ 當對寶寶說話的時候，儘量放慢速度，並且刻意選用簡單與直接的字句。

■ 邀請家中所有比寶寶年長的成員，一同建立起一個時時遵守的共識與默契，那就是在寶寶開口說話時，請不要打斷、不要插嘴，更不要急著修正，而要耐心地聽寶寶將他的意思說個明白。

▨ 鼓勵、加油與肯定，是父母能爲寶寶語言成功發展所能付出的最佳投資。

▨ 提高警覺，一旦「直覺」地認爲寶寶語言發展有異常的表現時，請立即徵詢專業醫師及語言治療師的診斷。

提醒您

❖兩歲的寶寶一點兒也不可怕！

❖多陪陪寶寶玩水！

❖留心觀察寶寶聽力的進展！

迴　響

親愛的《教子有方》：

　　我深深的喜愛《教子有方》的每一部分，從知識的教育、適合寶寶年齡的快樂親子活動，到對於未來的準備和展望，無不令我每每愛不釋手，展讀良久！

　　《教子有方》使我這個做媽媽的工作變得既輕鬆又有趣，我已經決定要將《教子有方》贈送給每一位家有小小新生命的朋友，與他人分享我的喜樂！

　　再一次深深的謝謝您！

王珍（美國伊州）

第二個月

# 等待的本事

一個善於等待的人是快樂的人，也是令人喜愛的人。不論是大人還是小孩，只要能夠擁有延遲滿足內心渴望的能力，並能以輕快的幽默心態來面對延遲，那麼，這份人格必然是魅力無窮，愉悅可親的！

想想看，在我們的生命之中，是否也有這麼一、兩位親友，他們在達不到目的或是無法稱心如意的時候，能夠不懊惱、不沮喪，更不生氣？在為人方面，這些親友是否是受人歡迎，並且時時保有祥和快樂的心境呢？而在處事方面，他們是否也總是能事半功倍，有效率地製造出漂亮的成果呢？

的確，在合理的範圍內，容忍與接受「遲到」的能力，奠定了不氣餒、不放棄、堅持到底的特質，也正是解決困難，並完成任務的關鍵條件！

然而，「等待」的美德並不是來自於先天的遺傳，而是生命在成長的過程中，從嬰兒時期即開始經過長久的陶成與培養，逐漸成形茁壯至圓滿，才能成為人格中的一部分，無法被抹滅的寶貴特質。

也許您會問，一個幼兒的生命，要如何才能在成長的過程中，發展出「等待」的能力呢？這個問題的答案不但出人意料，而且還相當的有趣。經過了各方面的推敲、觀察與印證，我們相信，愈是從小即容易心想事成、心滿意足的孩子，長大之後就愈能夠施展「等待」的能力，忍受不滿足，心平氣和地度過黎明之前的黑暗。也就是說，一個很少失望、不常受挫折的幼兒，在成人之後，反而會比較有能力包

容挫折與處理困難。

「滿意寶寶」

根據一項由美國國家心智健康學院（U. S. National Institutes of Mental Health）所主導的大型研究報告所指出，嬰兒從飲食之中所經歷到的快樂，與他發展延遲滿足所需要的能力，有著密切的關聯。研究中發現，一旦寶寶懂得如何去期盼問題（如肚子餓）解決之後的滿足與適意（奶足飯飽），那麼他將能漸漸地適應與習慣（也就是「學會了」）等待過程中的各種心情。當然囉，此處所指的延遲滿足，必須是短暫且是寶寶所能忍受的。

一個在襁褓期間，身體與情感方面各種需求都得到適當滿足的幼兒，在大約一歲左右的時候，即可展現出優異的專心能力。在面臨生活與遊戲之中各種大小不同的挑戰與學習時，他們可以定下心來用心思考，並且順利地通過眼前的考驗與試探！

舉個簡單的研究結果來說，如果將形狀不同的積木和含有相對孔洞的容器放在幼小的兒童面前，教他將積木經由正確的孔洞投入容器中，「滿意寶寶」會學習得認真又十分有興趣，並且在成功的時候，表現出洋洋得意的快樂神情。除此之外，即使他們仍在失敗中嘗試與摸索，也不會顯得氣餒與沮喪。

相反的，從小在餵食經驗中較不愉快、較不滿足的孩子們，他們對於每一件事的態度似乎都是比較不關心、沒耐性和不專心。有些寶寶甚至還會在感受到父母求好心切的期待

時，即開始坐立難安，表現得焦躁煩悶不已。

上述這個研究報告同時還指出，不論是愉快的與不愉快的經驗，都必須在重複不斷地持續發生之後，才會對孩子造成長久及深遠的影響。偶爾發生的緊急狀況，例如生病、長牙等的不適，並不能算是負向的經驗。

因此，我們所得到的結論是，在一個生命從嬰孩蛻變為幼兒的過程中，假如在每個階段不同的需求，都能不斷適時與合理地被滿足，那麼這個孩子對於忍受挫折與失意的能力，便會持續地成長與茁壯。

明智的父母們懂得努力地以敏銳的心，去感應寶寶情緒低落的各種蛛絲馬跡，在孩子的身心尚未失控、行為還未混亂、脾氣還沒有爆發之前，即能聰慧地紓解寶寶的困境，消除危機，以免使情況發展到不可收拾的地步。

是關愛，不是溺愛

讀者們也許會問，一個時時刻刻都心滿意足、事事都稱心如意的孩子，是否會被寵壞了呢？

在此我們所強調的是，避免寶寶情緒受挫失控，並不等於讓寶寶予取予求，一味地從容！相反的，孩子穩定不煩亂的情緒，來自於父母所設合理的限度與規範。一旦寶寶清楚地瞭解父母對他的期望，並且全然明白他對父母所能抱持的相對期望時，他的心靈即可感到安全與有依靠。

在日常生活中，父母們的任務就是隨時留心寶寶「受不了」的訊息，太累了、太開心了、太餓了、太多陌生人等等寶寶所無法承受的各種身心壓力，都應盡可能地避免。而當您一發現寶寶身心開始「錯亂」的時候，請利用一些輕鬆

愉快的事物，一方面分散寶寶的注意力，同時也安撫他的情緒。試試看，讀一本故事書，放一段音樂，或將寶寶摟在懷中擁抱片刻，使他能迅速安全地抽離「錯亂」的場景，重新拾回原有的平靜。此外，如果您很清楚地看得出來，寶寶的身心已經因為負荷不了外來的壓力而開始「脫軌」時，請以諒解但不苛責的心態，來面對此時寶寶所犯的錯誤或是所闖的禍。

總而言之，父母們在每日生活之中，點點滴滴為寶寶所提供身心雙方的溫飽與滿足，在孩子人格發展的過程中，扮演著有如磐石與靠山般的重要角色，能將小小的心靈從緣自於「未知」的焦慮與捆綁之中解放出來。一個無拘無束的生命，可以自在地思考，全神貫注於心所喜悅的領域之中，他會願意安靜地等待，並且以樂觀的態度來接受人生種種無可避免的不如意！

親愛的家長們，在您的寶寶逐漸成熟懂事的過程中，請細細審查並努力修正親子雙方的一切互動，務必將「等待的本事」成功地灌注於孩子的生命之中，為他未來漫長的人生旅途，預備好這份無往不利的致勝法寶！

愈發獨立的小傢伙

一般說來，寶寶在大約兩歲生日前後的這一段日子中，會令周圍的親人突然感覺到，他正從一個依賴父母的大寶寶，蛻變為獨立自主的小兒童。這個蛻變的過程，通常會持續一段不算短的日子，也許是幾個月，也許是好幾年。因此，家長們要能試著親身感受孩子所經歷的改變，才能有備

無患地應付隨著與孩子的成長一同而來的，許多過去從未出現過的思想、言行與舉止！

獨立的配方

從學術性客觀的角度來分析，寶寶自消極的依賴，轉變為積極的獨立，是由許多不同的因素所共同驅使而成就的。其中比較重要的包括了：

■ 寶寶的行動能力大為增長。
■ 寶寶的語言溝通技巧也有進步。
■ 寶寶近來甚至略為懂得了一些與人相處、社交與應酬的技巧。

兩歲多的寶寶可以走得好，跑得快，跳得高，自由上樓梯，還會像小猴子一般爬竹竿、掛單槓……。不必多說，家長們應不難想像孩子在這些自由活動中，會感受到多麼巨大的喜悅與快樂！

寶寶的小嘴不但愈說愈多，而且還愈說愈溜！他已能利用所能掌握的詞彙，充分地表達自己的意見。在言語方面，寶寶一旦感受到「言論自由」的快樂，便將永遠不會願意放棄了！

社交方面，兩歲的寶寶會從「平行式」地和其他的孩子在一起各玩各的，逐漸發展成開始真正有來有往地和玩伴們玩在一起了！在玩耍的互動之中，獨立自主的種子也將會迅速地萌芽茁壯。

獨立的代價

對父母們而言，兩歲寶寶的獨立許多時候是會帶來困擾的。譬如說，寶寶會堅持為自己做一些事（如穿襪子、梳辮子等），也會插手為親人做一些事（如澆花、洗米等）。不過，他不但做得奇慢無比，而且還會製造出許多難以收拾的混亂。

寶寶也會不斷地試探父母的極限，挑戰他們的涵養與耐性。想想看，您的寶寶近來是否不肯像過去一般乖乖地睡個午覺，讓您的身心得以「空閒」一個小時？沒錯，因為寶寶近來的轉變，您全家的生活作息可能都必須做出相當程度的配合。剛開始的時候，這些調整可能會使全家人都覺得十分的不適應，但是請務必要勉為其難地努力為之，相信用不了多久的時間，您必然會因為家中這位漸漸獨立又成熟、懂事又快樂的孩子，而覺得這一切的犧牲與付出都是值得的。不僅如此，有些父母還會因寶寶近來的表現，而大感驕傲與欣慰，得意洋洋地四處宣傳寶寶的每一項驚人之舉哪！

安全的玩

兩歲的寶寶喜歡實驗，所有的物品和玩具一旦到了寶寶的手中，他會利用各種家長們想像不到的方法，來測試物體的特質，以滿足他如無底深淵般的好奇心！因此，家長們必須特別的小心，以防寶寶因為一個平日看來不起眼的小東西，而受到意外的傷害。

首先，請家長們隨時記得兩歲的寶寶是粗手粗腳、不

知輕重的。他會拖著一雙大大張開的雨傘，不顧一切地往前跑；他也會抓起聖誕樹上五彩晶亮的玻璃球，猛力地往地上丟；他會用力捏碎地上一隻不期而遇的小蜘蛛；更會一屁股就坐在客人的皮鞋上！因此，父母們的第一件任務，就是避免或防止寶寶將一切含有銳利表面、堅硬轉角、會刮磨和切割的物體，當成是他的玩具或實驗對象！

此外，當您為寶寶選購玩具時，請仔細閱讀包裝說明，務必遵守廠商所標示的年齡限制！別忘了，一切細小的零件或配備都象徵著危險，寶寶可能會吞到肚子裡、塞進耳朵或鼻孔中、推進電腦磁碟進出的小門……，在您稍稍一不留神的片刻，便以令人想像不到的方式，傷害了自己或是他人。

填充娃娃、狗熊上，有許多由鈕扣所縫製的眼睛、鼻子，也有塑膠或金屬的接頭，家長們必須一再檢視，以確保安全。

一切物品上、玩具上和寶寶活動範圍中所能接觸到的油漆，都應該是無毒且不含鉛的。而質料不佳的塑膠玩具，在高溫時容易起火，一旦脆裂，也會產生鋒利的破口，容易造成「傷害」，都是應該避免的玩具素材。

在您的寶寶目前這個不知天高地厚，事事都要闖一闖、試一試的階段，意外傷害是十分容易發生的，輕則皮肉受傷，飽受驚嚇，重則危及性命，遺憾終生！家長們唯有切實肩負起維繫寶寶玩耍時的安全這份重要的責任，才能確保孩子在成長的路上平安不受傷！

親愛的家長們，請您務必抱著絕不偷懶僥倖的心態，眼觀四面，心察八方，切實徹底地做好寶寶「護守天使」的工作！

說個故事給寶寶聽

我們從許許多多的學術研究中一再地看到，在孩提時期能有父母經常性地說故事或讀童書的孩子們，其後在學校中的表現，要比沒有聽故事經驗的孩子們傑出許多。

也許您有繁重的工作、忙碌的生活和各種抽不出時間來為寶寶說故事、讀童書的理由；也許您自己不是個愛讀「閒書」、聽「王子與公主」故事的人；也許您覺得在21世紀電腦發達的時代，說書講古已是落伍的親子交流方式，但是，《教子有方》還是要大力推動並鼓勵家長們，請養成固定為寶寶說故事、讀童書的習慣！

父母是寶寶的啟蒙師，更是帶領他養成喜愛閱讀這項好習慣的最佳人選，所謂「書中自有顏如玉，書中自有黃金屋」，愛讀書的人擁有鍥而不捨追求知識的決心與毅力，並且永遠不會寂寞！此外，愛讀書的好習慣，也能如虎添翼般地幫助孩子在日後的求學過程中，衝勁十足地達到事半功倍的效果。

在您為寶寶說故事、讀童書的過程中，孩子能夠耳濡目染地在以下所列的項目中，得到深遠的助益：

增長字彙

每一次當寶寶豎著耳朵聽您讀故事書的時候，他都會吸收大量的字彙與用語。您可以邊讀邊將書中圖畫的內容為寶寶一一指出，久而久之，寶寶應該也會有樣學樣地邊聽著故事，邊自動指點出圖書中與文意相呼應的部分。

新的知識

古人說：「秀才不出門，能知天下事。」正貼切地點明，寶寶在故事的情節中，可以學到許多人生重要的知識。藉著文字，他可拓寬思想的疆界，推展心靈的視野，進入一個更加廣闊的新世界！

全方位的進階

藉著書中的文字與圖畫，寶寶可以將現實生活中的事物和想像空間中的事物，揉合在同一個境界中；他也可以將已知的資訊和新學的知識，綜合整理成一個更加完整的資料庫，多元且紮實地成長與成熟！

聽講與專心的能力

不論是說故事也好，讀童書也好，寶寶都可因而培養敏銳且「有聽也有到」的聽講能力。寶寶還可以自然地養成用心專一、心無旁騖的好習慣。

時間與空間的次序

「很久很久以前」、「在一個遙遠的地方」、「三天之後」、「桌子下面」等等時間與空間的描述，能夠教導寶寶對於時空順位的認知。這個重要的能力，也是孩子日後在求學的過程中不可缺少的基本配備。

感情的慰藉

和許多成人一樣，兩歲的孩子也可以從故事中的人物，尋到自我角色及生活的認同，他會更加懂得如何分辨自己的

情緒，明白如何運用歡笑與哭泣來宣洩心中的喜怒哀樂，以健康及樂觀的方式來處理感情的高低起伏。

親密時光

每當您從百忙之中抽出時間，一反平時陀螺般轉個不停的方式，氣定神閒、從容愉快地為寶寶說故事、讀童書時，不僅親子之間得以共同神遊在書中美妙的情節中，寶寶更能領悟到您的愛。您為了寶寶而停止手邊永遠也做不完的工作，這份心意，孩子是會深受感動且銘刻於心的。

親愛的家長們，在您讀完了本文之後，是否也願意開始每日固定撥出一些時間，運用您豐富的想像力，為寶寶編些有趣的故事？或是挑選幾本好書，為寶寶朗讀幾個章節呢？在教育子女的漫長歷程中，這項一本萬利絕對不會落空的投資，是否值得您對自己作個承諾，下個決心，就從今天開始展開行動呢？

愛讀書的孩子不會變壞

當然囉，人人都明白「愛讀書的孩子不會變壞」這個道理，但是並不是人人都能教導孩子成為一個愛讀書的人。家長們除了應該以身作則，多多唸書給孩子聽之外，下列還有一些竅門，可幫助您成功地開啟寶寶的心靈之窗，帶領他進入一個永不褪色、永不乏味的閱讀王國。

■ 讓閱讀的時間成為輕鬆愉快的時刻，不論是對父母還是孩子而言，這個活動都絕對不能是勉強、嚴肅或帶

有壓力。請記得，這不是一件「非做不可」的事！

■ 當您和寶寶一起沉浸在書中的世界時，請讓寶寶擁有您不被干擾的全副心神，讓答錄機為您接聽電話，暫時收起手機和傳呼機，關掉電視、音響，使這個難得的時刻只屬於您和寶寶二人。

■ 仔細分辨寶寶對於哪一類型的書比較有興趣，帶寶寶去逛書店，上圖書館，讓他有機會在接觸到各式不同書籍的時候，完全自由，按照自己的意向（請家長們不要忍不住善意地暗示喲！）選擇他所喜愛的書。

■ 鼓勵寶寶自行選擇每日您為他所閱讀的書，並請他解釋選擇此書的原因。即使寶寶連續幾日每天都選了《三隻小豬和大野狼》，請您仍要保持高度的「敬業精神」，繪聲繪影地再為寶寶讀一遍《三隻小豬和大野狼》。

■ 運用巧思，使寶寶在閱讀時從一位消極的聽眾，轉變為積極的參與者！讓寶寶用小手從插圖中指出您所讀到的故事內容和人物；當讀到重複的字句時，鼓勵寶寶和您一起大聲地說（例如：「叩，叩，叩，請開門，叩，叩，叩……」）；慢慢地讀故事，不時地停下來請寶寶回答一些問題（「是誰敲門啊？大野狼來了怎麼辦？」）；試著將書中的情節引伸到現實生活中切身的經驗（「有人敲家裡的門，可不可以開門啊？」）。

■ 容許寶寶在他所選擇的部分，任意為您的故事編織「插曲」！別急著為您的故事劃上句點，何不附和著寶寶的打岔，敞開意念與心靈，陪伴孩子乘著想像的

翅膀，在無限的思想空間中任意地遨遊一番呢？

■ 別忘了身體的親密接觸。將寶寶緊緊地摟在懷中，讓他坐在您的腿上，或是兩人一同窩在被褥中，這不但可以拉近親子二人有形與無形的距離（代溝），更是製造愉快讀書氣氛的簡單方法，這份貼心與融洽的感受，有時會比故事的內容還要更加吸引寶寶哪！

親愛的家長們，試試看，其實造就一個愛讀書的孩子並不是一件太困難的事。而在這整個陶成的過程中，相信您的收穫並不會比寶寶少喲！

數數兒和比大小

在過去這幾個月之內，您的寶寶對於裝滿一個容器和倒空一個容器這類的活動，應該已經累積了相當多的經驗。《教子有方》也曾經為您設計了許多有關這方面的親子遊戲，提醒您利用不同形狀、不同大小的容器，以及不同種類的物體，逐漸培養寶寶對於容積、體積以及數量的基本概念。

當寶寶對於物體與容器的關係已臻熟稔，而對於「還要更多」的觀念漸有增長時，家長們可以把握時機，開始灌輸寶寶「數目」的概念。以下我們將為您介紹一個既簡單又有趣的遊戲，幫助您一舉兩得地提升寶寶對於數目與大小的雙重認知。

裝滿了！

在玩這個遊戲之前有一個先決條件，寶寶必須懂得什麼是「裝滿了」！您不妨先清楚地讓寶寶瞭解所謂的「裝滿了」，就是一件容器已經裝入了不能再多的的物體，但是蓋子還是可以毫無困難地蓋得上的程度。

帶領寶寶利用幾個容器與物體實際地操作演練幾遍，當您覺得寶寶已完全明白「裝滿了」的實質意義時，即可開始帶領寶寶玩以下的遊戲：

誰裝得多？

首先，預備兩個一模一樣，開口寬大、好裝、好倒的容器。皮鞋盒、空的面紙盒或是洗淨無鋒利邊緣的大奶粉罐，都是不錯的選擇。接下來，您可從家中現有的物品及玩具中，蒐集一些大小與形狀皆不相同，但是可以裝得進容器的物體。根據您所選定的容器而定，最大的物體應可同時裝入三到四個（如橘子之於皮鞋盒），而最小的物體大約和傳統曬衣夾一般大即可。在最大和最小的物體之間，再準備幾件尺寸不同的物體（如錄音帶、乒乓球、小鑰匙等），即算是準備完成，可以讓寶寶開始動動腦了。

您和寶寶一人一個容器，將所蒐集來的物體在兩人之間聚成一堆。玩法是，您和寶寶輪流自一堆物體中挑選一樣，放進自己的容器之中。目標是比賽誰能在容器中放入最多數量的物體，誰就得勝一回合！因此，當您和寶寶都已將容器裝滿了（不能再裝了，但是可以蓋得上一個蓋子）之後，你們必須要計算與比較容器中物體的數量。

排排比，數數看！

對於一個並不曉得如何數數玩的寶寶而言，該怎麼才能帶領他清楚地比較兩人容器中的數量呢？很簡單，此時您和寶寶可以各自倒空盛滿的容器，然後將兩組內容物平行對稱地在地上或桌上各自排成一長串，造成所謂的「一對一相稱效應」（one-to-one correspondence）。如此一來，寶寶即可一目了然地看出這兩排物體孰多孰少了！

在正常的情形下，您所排出的一列物體必然會比寶寶排的那一列來得長，也就是數量比較多！

接下來是個重要的步驟，請您先從寶寶那一列物體開始，指一樣即數一個數字（一、二、三、四……），數完他所取得物體的總數！然後，您再依樣畫葫蘆地數自己那一列的物體。剛開始的時候，寶寶可能會「呆頭呆腦」地看著您數完，或是會「胡言亂語」地攪和您數數字的節奏。但是久而久之，他就會從安靜專注地聆聽，開始跟著您一起數。有些孩子甚至能很快地學會自己數幾個數字呢！

這些進展雖然明顯，有時還頗為驚人，但是寶寶目前的數數兒，應該還是屬於機械性的強記，屬於小和尚念經般的有口無心，仍然不瞭解真正的數字觀念。

之所以建議您帶領寶寶玩這個遊戲的深意，是希望能讓寶寶明白物體的大小與可以被放入容器內的數目之間，其實是存在著一層極為微妙相對的關係。

如果套上科學的術語，那麼以上這個遊戲所要傳達的道理，是「一定的空間中所能容納物體的數目，與物體的體積大小成反比」！也就是說，物體愈小，容器所能容納物體的數目就愈多，反之亦然。

　　您兩歲多的小寶寶當然是無法如此具體地弄清楚這層道理，但是聰明的寶寶在玩過幾次這個遊戲之後，應當能「直覺」地抓著一些訣竅，雖然「有理說不清」，但卻能大致地懂得其中的涵義。

　　怎麼看得出寶寶是否已恍然大悟了呢？請您在每一次和寶寶玩這個遊戲的時候，稍微「放一些水」，故意不去選擇最小的物體，不要贏寶寶太多，冷靜地觀察寶寶是不是能一次又一次地修正他的選擇（選小不選大），而逐漸反敗為勝？

　　一旦寶寶已成了不敗的贏家，您便得更換容器，同時重新蒐集一組物體。為了要能訓練寶寶敏銳判斷物體大小的能力，請您刻意挑選體積大小差異不是太大的物體（如乒乓球、高爾夫球、網球等大小相近但不相同的球），以充分激盪寶寶的腦力。

　　別小看了這個簡單的小小益智遊戲，寶寶將能從許多實際的動作與比對中，深刻且透徹地瞭解許多有關於數目與大小的道理。

　　讀完此文，您是否已經在摩拳擦掌、躍躍欲試地打算和寶寶較量一回合「看誰裝得多」的遊戲呢？相信您和寶寶必能玩得開心，學得起勁！

 ## 掌握小小的心

　　不論是學術的研究還是育兒的經驗，在在都指出，人類幼兒具有微妙微肖的高超模仿能力！相信凡是家有幼兒的父母都會同意，以「看到什麼就學什麼、做什麼」這句話來描

繪寶寶的行為舉止，的確是相當貼切的。

正因為如此，現在正是薰陶培養孩子良好習性的最好時刻！所謂「近朱者赤，近墨者黑」，如果父母是寶寶的行為偶像，是他每日相處最久的模仿對象，如果您希望二十年之後，當寶寶長大成人時，能夠發自內心真誠地愛您、尊重您（而不是遵守教條，表裡不一地孝敬父母），那麼您從現在開始，就應以身作則積極地影響寶寶，在每日的生活中示範給寶寶看，您對他的愛與尊重！長此以往，寶寶自會接受並採用這種與人相處的模式來與您相處。

愛是接受與尊重

兩歲的寶寶最容易，也最常會因為他尚未成熟的語言能力，而在力不從心、辭不達意的當兒，深深地感到挫敗、難受和羞辱。

已故的心理學家吉諾涵（Haim Ginott）博士曾推動一種正向的回饋方式，不僅能幫助孩子消除內心深處負面的情緒波動，同時還可建立強烈的自我認知！「教之有方」願意為您介紹這個富於智慧的方法，幫助您輕巧不留痕跡地表達出對於寶寶無條件的愛，及全然的接受與百分之百的尊重。

讓我們舉個例子來為您說明：

假設您正與一群好友吃飯喝茶，突然間寶寶打斷您與友人的談話，想要告訴您一件對他而言十分重要的事，他原本就清晰流利的口齒，在急切之間，更是支支吾吾地令人聽不明白他想說的話。這個時候，您會如何反應？而您的反應該如何才算是恰當呢？

您不該說的話

我們先提出一些父母不該有的反應，和不該說的話，供您參考與自我提醒：

- 不要以迂腐的陳規作藉口，逃避寶寶求救的訊息！換句話說，請您克制極有可能衝口而出的：「大人說話，小孩子不可以插嘴，去、去、去，自己到一邊玩去！」

- 不要以批評的語調讓寶寶感到您對他的輕視，請不要用：「說話結結巴巴，誰聽得懂你在說什麼？」這類的語言用來回應寶寶。

- 不要威逼，也不要利誘！不要凶狠地說：「好好的說話，再支支吾吾，我就要把你關到小房間去了！」也不要說：「乖寶寶，好好地說，媽媽給你吃棒棒糖！」

- 不要強人所難，要求寶寶做他能力所不及的事！也就是說，不要義正嚴詞地命令寶寶：「坐下，好好地說明白！」

- 不要做無謂的保護與同情。「真可憐，兩歲了還不太會說話。」這類的評語，反而會適得其反地傷害寶寶。

您的正向回饋

那麼您該怎麼辦才好呢？以下兩項建議盼望家長們能反覆咀嚼，牢記在心，並能舉一反三地靈活運用於親子之間互動的關係中。

■ 對於寶寶所說的話，聽得懂的部分，請您儘可能地重複說幾次，聽不懂的部分，則請依樣畫葫蘆地反問寶寶。例如，當寶寶說：「車車%#X&*%$@?」時，您可直接回應寶寶：「車車怎麼啦？」

■ 清楚明白地讓寶寶知道，即使他說的話您並不完全聽得懂，但是您已百分之百地瞭解他當時的感受。告訴寶寶：「哥哥不和你玩，你很生氣，媽媽知道！」、「那一隻狗汪汪地叫，真是怕怕！」父母以包容與肯定的態度反射寶寶的心情，是寶寶情緒恢復還原的最佳保證，也是幫助他建立自信心的好方法。

在情緒低落失意時，每一個人都需要鼓勵、安慰和精神的支持。兩歲的寶寶也不例外！父母們只需給寶寶一個溫暖的眼神，一個深深的擁抱，或是親膩地拍哄，寶寶不平的情緒即可獲得滿意的紓解。例如：「爸爸知道你現在很傷心，很難過，也很想哭！來，讓我們坐下來慢慢說！」

總而言之，當父母們以真誠與尊重的態度來和寶寶相處時，寶寶的尊嚴得以被維護，他會因而成功地克服心中無助與失落的感受，建立健康與正面的自我認知，形成一個自信且樂觀的人格。

跌打損傷！

跌打損傷和生病一樣，是每個孩子在成長的過程中必定會發生的一種經驗！早自襁褓時期寶寶會翻身的那一剎那開始，摔撞碰傷、烏青瘀血就已成為孩子生命中無法擺脫的一

部分了，在往後的歲月中，寶寶也會因為跑跑跳跳，在玩耍與生活的時候，發生碰撞而產生瘀紫。

這些大大小小、各式各樣的「碰撞」，是防不勝防，再小心也會發生的。因此，家長們如能懂得一些正確的醫護與處理，便可在意外發生時冷靜而妥善地應對，減輕寶寶受傷害的程度。

「把握時機，立即冰敷」是所有外傷碰撞發生時最重要的原則。建議家長們在家中冰庫內，經常存放一些冰塊，或是整包的冷凍蔬菜（如玉米、青豆、毛豆等），而隨身或是車上的急救箱中，也應備有化學冰塊（使用之前，扭轉或敲擊即可急速成冰）。在任何衝撞發生之後，只要能迅速冰敷，即可使創口附近的微血管立刻收縮，減少皮下出血量，達到減低疼痛與瘀青程度的功效。

建議您在冰敷時，可用一塊手帕或是餐巾紙包裹冰塊，以減少皮膚與冰塊直接接觸時的不適，您也可以讓寶寶自行手持冰塊按住傷口，一方面學習自我護理，另一方面也可避免父母為寶寶冰敷時孩子的抗拒。

一般的情形下，只要冰敷大約二十分鐘到半個小時左右的時間，寶寶應該已可以破涕為笑，生龍活虎般地繼續玩耍了。如果在冰敷半個小時之後，傷口仍然繼續腫大，寶寶也喊疼喊得愈來愈大聲，那麼在持續冰敷的同時，便應該與醫師聯絡，尋求專業的護理與協助。

除此之外，對於頭部的撞傷要特別提高警覺，如果碰傷處在眼睛的四周，那麼可使用自備的冰塊立即冰敷，但如果是眼球本身受到撞擊，家長便應立即帶孩子就醫治療，同時「絕對不可以」自行冰敷眼球。

　　大部分的瘀傷青紫，在七到十天之內會消失，會殘存一些泛藍、泛黃和略為茶褐的顏色，大約要再等二到三個星期，這些顏色才會完全消失，看來好像不曾發生任何事情一般完好如新。有時皮下組織會形成一小塊硬塊，但是也應隨著時間而逐漸變小、變軟。如果經過一段長時期而仍然沒有進步，甚至開始局部疼痛、發熱，即表示皮下組織已發炎，那麼家長們就應盡快帶寶寶就醫，以免延誤治療時機。

玩樂中的學問

　　兩歲的寶寶是多麼的活力四射，童心高漲，玩性奔放啊！他每天忙著研究發生與存在於每一個角落的每一件事件，因著似乎永無止境的好奇心，和對於生命本身的熱情，生活中的點點滴滴，幾乎都逃不出他敏銳的觀察，並且鉅細靡遺地被納入寶寶的事業版圖中了！

　　寶寶旺盛的好奇心與求知慾需要被滿足，他需要玩玩具、遊戲，和許多「雜七雜八」的東西。

　　當您為寶寶準備玩具時，請務必避免過與不及。太少的玩具，無法提供寶寶心靈思想足夠的滋養與激盪，但是太多的玩具，則容易令孩子不知從何玩起，反而喪失興趣。

　　此外，《教子有方》更建議家長們不必刻意為寶寶購買極為昂貴的玩具，從投資報酬的眼光來看，價錢昂貴的玩具多半無法值回票價，讓孩子得到同等「珍貴」的學習經驗。

　　我們鼓勵家長們自己捲起衣袖，親自動手為寶寶預備一些根據寶寶的喜好與興趣，量身打造，經濟實惠又富於教育意義的「愛心」玩具！以下是一些建議，供您參考。

寶寶的公事包

找一個已被列入「即將淘汰」等級的舊皮包，送給寶寶作為他的公事包。在皮包中，有模有樣地放入一串沒有用的鑰匙、一個小皮夾、一個計算機和一把小梳子。

在日常生活中，您可隨興為寶寶的皮包中添加一些他所喜歡的物體，例如一個小茶杯、小口哨或是一輛玩具小汽車。這種比扮家家酒還要逼真的玩法，會讓寶寶百玩不厭，同時還可自由變化出各種他所喜愛的「假裝情結」，粗淺地滿足孩子對於人生舞臺中各種不同角色的好奇與嚮往。

玩具盒

利用一個有蓋的紙盒（如皮鞋盒），為寶寶打造一個比對形狀的玩具盒！找一些形狀大小都不相同的積木、玩具或日用物品，在盒蓋上分別描出這些物體的外形，再用小刀鑿空，成為一個平面的模板。寶寶可以練習將不同形狀的物體，從正確的開口中投進紙盒。

從這個簡易的玩具中，寶寶不僅能夠練習分辨不同的形狀（如圓形、三角形、方形、菱形、人形、鳥形、口紅形、信用卡形等等），也可以觀察物體如何從眼前消失落入盒內；他還可聽不同的物體落入盒中所發出不同的響聲；更可能他喜歡一把掀開盒蓋，看清楚這些東西都去了哪兒了！

可以套疊的罐子

蒐集一些空的食物罐頭或是飲料罐，仔細去除開口的一面，檢查與磨平所有鋒利的邊緣，再用一些色彩鮮豔的厚膠布（可以到五金行中尋找工業用的強力膠帶），將罐子外層

點綴與包裝一番。這麼一來，您的寶寶就有了一堆他可以疊羅漢、可以一個套一個的大小容器！他會百玩不膩，而且從其中靈活地領會到高與低、裡與外和重力等重要的定理。

奇妙的「變形」世界

容許寶寶在家中的某一個角落（也許是廚房，也許是浴室、玄關或院子）設立一個沙堆，或是一個池塘。找一個大型的塑膠容器（如大臉盆、水桶或廢棄不用的皮箱），在裡面裝一些沙（或用綠豆、米等材料來替代）或水，再為寶寶準備幾個不用的舀沙盛水的容器，這麼一來，他即可沉浸於這奇妙的「變形」世界中，而久久不願離開。

寶寶可在其中學會各式各樣的物理規律及特性（如潑灑在地面上的水一會兒就變乾了），而這些寶寶的玩耍（學習）經驗，是絕對無法用任何其他的方式所取代的。

尋找蓋子

找一個無蓋的塑膠盒，另外配合一些形狀一樣但是大小不同的蓋子，讓寶寶從一堆蓋子中，以嘗試錯誤的方法，將正確的蓋子找出來！

以上這些對於寶寶而言，既新鮮又富於變化與挑戰的玩具與遊戲，可以使寶寶在愉快的心情中，萌發許多希奇的想法、重要的概念，和對於這個世界的嶄新認知！

―――――― 提醒您 ！ ――――――

❖別忘了多抽些時間為寶寶說故事！
❖帶寶寶去一趟圖書館吧！
❖親手為寶寶製作幾樣「愛心玩具」！

迴　響

親愛的《教子有方》：

　　對於《教子有方》，我實在是心滿意足！每個月當我在信箱中發現你們寄來的（內含當月《教子有方》）的大信封時，都會忍不住地發出一個會心的微笑。

　　我不但自己熟讀每期的內容，還請保母也仔細閱讀，使我們能同心協力地為寶寶的成長而努力！

　　　　　　　　　　　　　　　張德莉（美國威州）

第三個月

無敵小超人

　　兩歲三個月的寶寶正迅速地拓展他的活動領域與勢力範圍，他像一個所向無敵的小超人般，既有本事又有野心，每天都在忙著治理他的「天下大事」，並且想盡辦法開創新的版圖！現在，讓我們一起來瞧瞧寶寶的本事有多大！

急急前行

　　當然囉，寶寶現在走路已經走得既快且穩了！只要您留神仔細瞧一瞧，就不難發現寶寶在走路時，小腳趾頭之間和諧的互動、優美的韻律與柔軟的姿態。您應該經常會見到寶寶邊走邊推著一張小椅子，或邊拉著他的小腳踏車，或邊拽著絨毛狗熊的耳朵，或是邊拖著爸爸的網球拍……。凡是他能移動得了的物體，似乎都難逃被他移動的下場！而當寶寶沒有在移動物體時，他走路的樣子總是慌慌張張、匆匆忙忙，好像如果不快一點就會趕不上什麼重要約會似的，一副大忙人的模樣。

　　相對於走路而言，跑步對於寶寶來說，還是一件略帶著點困難的活動。他在跑步的時候，雙腿多少仍然顯得僵直不自然，雖然他很清楚自己要跑到哪兒去，但是雙腿仍不時會不聽使喚地無法迅速轉彎，也會力不從心地無法說停就立刻停下來，立定不動。

　　結果是，寶寶會莽莽撞撞不時地摔跤、推翻家具或是撞到牆壁！

登高探險和望遠

　　寶寶仍然是十分好奇的，每一樣物體的功能、特質和用途都在他的研究範圍之內。同時，因為寶寶語言的能力仍然有限，所以他還不能隨心所欲地發問，要求大人提供答案。因此，兩歲的寶寶會悶不吭聲，埋頭苦幹，努力地想辦法為自己心中的疑問找尋答案。

　　求知若渴的寶寶，會「不擇手段」地達到滿足自我好奇心的目的！想想看，寶寶是否會踮起腳尖，站在一本電話簿上，努力伸手去抓桌上那個燭光點燃光輝盪漾的水晶燭臺？他是不是也會像個攀岩高手般，可以神乎其技地爬到高處？在此之前，寶寶也會爬高，但那是一種肢體性「為爬高而爬高」的舉動，從其中，他可感受到垂直與水平空間有趣的不同之處。但是兩歲多的寶寶爬高，則是一種手段，藉以達到他的目的（例如，可以看得更遠，或是取得一件平時拿不到的物體）。

　　當兩歲的「無敵小超人」爬高時，他堅強的決心和意志力是旁人很難阻擋的。他會想盡一切方法，拖拉扭旋自己的身體，利用每一件可能的物體（例如，一張椅子或一個花盆），或是拉開衣櫃的一個抽屜，作為他登高時的墊腳石。

　　有趣的是，當寶寶一旦在高處取得他的獵物時，他很可能反而會自己下不來，被「困」在該處動彈不得！在日常生活中，您很可能會發現寶寶安靜地在一個意想不到的地方，例如，浴盆中央、餐桌中央，甚至於音響架上，專注地研究一塊肥皂、一片西瓜或是一個搖控器。

　　兩歲多的小超人也學會了雙腳同時離地往上跳！他會使勁地彎曲膝蓋蹲在地上，用力地揮動兩隻手臂，最後鼓足

「吃奶的力氣」，奮力往上一跳──離地大約只有兩公分。然後，他會喜孜孜地將一張充滿渴望的小臉對著您，期待您大聲的拍手喝彩。

我自己來

　　無敵小超人，也已經愈來愈明白自己是有用的，能做事的，這是孩子逐漸成長與獨立過程中必經的階段。如果您的孩子還沒開始事事都和您爭著做，那麼在不久的將來，您應該會經常聽到寶寶高聲爭取或抗議：「我來，我來！」或是「我自己會做！」除了自己穿衣服、自己洗澡外，寶寶還想要自己倒牛奶、自己撥電話、用鑰匙開門，學媽媽擦口紅、學爸爸打領帶！在寶寶氣焰愈來愈高漲的「我自己來」、「我會」、「我可以做」的攻擊之下，您可能會在心中吶喊：「天哪！」也可能會很想請寶寶閉嘴！但是，請您務必要動用最大的愛心與耐心，來「逢迎」和「順從」寶寶的要求。知道嗎？這是寶寶對您所發出的「獨立宣言」，讓您知道他長大了，他知道寶寶是「自己」了，他也知道在未來的漫長人生旅途中，他必須「自己」來面對，來承擔並享有這個廣大遼闊、美妙多姿的花花世界了！

寶寶你在說些什麼啊？

　　兩歲的寶寶正處於從童言童語轉型到言語清晰正確的階段，他所說出來的詞句往往不是令人丈二金剛摸不著頭緒，就是會使人忍不住發笑。寶寶喜歡把一些簡單的片語倒裝反著說，如「氣冷機」而非冷氣機，米粉湯變成「米湯粉」等

等類似的用法，會經常出自寶寶的小嘴。

　　而對於他似乎知道，但又不太確定的言詞，寶寶會憑著「腦力」（想像力）自編一個替代語（例如，「半角半」是蛋炒飯），而這些可愛又有趣的新發明，很多時候即成了外人聽不懂，唯有寶寶和父母彼此才能瞭解的「密碼暗語」！

　　從現在起到寶寶三歲左右時，他平均每一個月會多添加五十個全新的字彙。這種快速的進步，再加上寶寶經常性地「口不擇言」、「語無倫次」，即使是整日與寶寶相處在一起的家人，有時候也很難立刻聽懂寶寶所想表達的心意。以上述的「半角半」為例，家人可能要等到下一次家中吃蛋炒飯時，才會恍然大悟地明白，原來寶寶口中的「半角半」就是蛋炒飯！

　　以文法的結構來分析寶寶語言的進展，我們不難發現，一般幼兒最先學會說的話，是文法中的感歎詞（如「嗨！」、「拜！」、「喂！」……）。然而，兩歲的寶寶目前使用最多的是名詞（如「車」、「燈」、「水」、「狗」……），次多的是動詞（如「走」、「來」、「吃」……），然後才是介系詞（如我「的」書、「以」後……）。

　　兩歲多的幼兒大多是「喋喋不休」的！他所學會的每一個新字、新詞，彷彿都在帶領著他的思想。想想看，我們成人是否有時也必須將一些複雜的想法，利用語言或文字將之具體化之後，才能更加真切地整理、歸納與落實在腦海意識之中？

　　寶寶也一樣，當他用小嘴嘰哩咕嚕地將所見所聞親自說出來時，不論是正確還是不正確的言語，都將引領他的知

覺、意識、行為與感受，一步一步地更上一層樓。

　　從抽象的層次來想，言語也可幫助並帶領寶寶進入一個無形的「時間王國」之中，幫助他建立起許多重要的時間觀念！怎麼說呢？例如，當寶寶試著說：「爸爸晚上回來」時，他便是在對自己保證，雖然現在看不見爸爸，但是爸爸「過一段時間」，「天黑」的時候，就會出現在眼前了；而當他說：「阿媽、阿媽」時，他多半是「回想起」「幾天之前」阿媽來訪時的情景。

　　《教子有方》建議家長們，應該努力壓制想要糾正寶寶「胡言亂語」的衝動，更不要假裝沒聽見寶寶所說的話。相反的，家長們應即早養成耐心聆聽寶寶說話的習慣，不論是寶寶的自言自語，還是他對周圍親人所說的話，您只要努力多聽一陣子，自然而然，就會懂得如何解開各種「寶寶謎語」的密碼，成功地打通與寶寶心靈交流的管道，進入孩子成長之中美妙的內心世界！

學習作決定

　　雖然說「兩點之間最近的距離是直線」是成功的捷徑，但是人生的路途中鮮少有一條直接通往成功的康莊大道！當我們無可避免地處在一個多叉路口時，一個決定是否作得明智與正確，通常會深遠地影響日後的方向與發展。例如，婚姻的伴侶、事業的取捨，都是重大的人生決定。

　　而人生之中也有許多細小瑣碎的決定必須作，例如，出門是否要帶傘？看中意的用品是否合算可以購買？是立刻買？還是過一陣子再買？肚子餓了吃巧克力糖好呢？還是吃

麵包和水果？這些決定雖不如婚姻、事業的決定重要，但是我們仍然必須承擔隨著決定而來的一切後果。有的時候，這些後果也可能是十分棘手的！

舉個實際例子來說，買輛新車這件事，一旦決定了，就無法追悔改變交易，即使是才成交一天的新車，也已成了二手車，絕對不可能賣到新車時的價錢。

接下來，就是如何處理這個已後悔的決定，所帶來一連串更多需要作決定的問題！是勉為其難繼續保有此車？還是先開一陣子再伺機脫手？那麼該開多久呢？二手車的折舊率和年份、車型與使用哩數都有密切關聯，是否值得目前的保險與維修呢？

諸如此類無所謂對與錯，單憑個人權衡輕重而作出的決定，在日常生活中比比皆是。有些需要良好的判斷力，有些需要高明的意見，有些需要卓越的智慧和推理，更有些需要的是無理可尋的直覺（也就是所謂的「第六感」）！這些種種的要素，並不是人人都擁有的，想想看，在我們周圍是不是就有這麼一位仁兄，似乎永遠都無法決定該打哪一條領帶？而是不是也有另外一位大姊，總是會從高速公路錯誤的出口下交流道？

從小看大

事實上，作決定的能力萌芽自生命的早期，正如一個人的個性一般，通常在上小學（六歲）之前就已經定形，發展完全了！從一個小學生作出正確決定的能力，和他作決定的方式（三思而行（reflective）或意氣用事（impulsive）），我們幾乎已經可以八九不離十地預測這個孩子長大之後，是

如何作決定？和會不會作決定？作出的決定是不是大部分正確，不會再後悔？

　　小學生作決定和成人一樣，通常是取決於他所預見成功機率的多寡，以及一旦失敗，後果的嚴重性如何！然而，孩子的人生經驗與閱歷終究不足，他對於成功率及所必須付出代價的判斷常常是不正確的，也因而會顯得他經常要作出錯誤的決定。

　　一個小學生可能會在黑暗之中撞上一扇關著的門，因為根據他過去的經驗，這扇門總是開著的，他會因為碰傷了腦門和壓扁了鼻子，才會在下一次經過的時候，「決定」要看清楚一些再行動。

　　同樣的，一個幼小的孩童會大大方方地走進一條車輛穿流不息的馬路，而不自覺危險！原因是他缺乏類似的經驗，沒有想到汽車會以高速向他駛來，而他更加無法想像，一旦被車子撞上之後的嚴重後果。

　　也就是說，一個孩子必須能夠同時考慮事情發生（或成功）的機率（probabilities）和後果（consequences），才有辦法作出明智和正確的選擇與決定！

模擬訓練

　　《教子有方》為您和兩歲的寶寶設計了以下這個既可立竿見影，又簡單有趣的親子活動，藉以幫助您及早培養寶寶作決定的能力。

　　在一個乾淨的紙箱或紙盒朝上的一面，挖一個半大不小的洞，然後蒐集三、五樣寶寶的玩具（最好大小都不一樣），隨意指著其中的一個玩具，請寶寶猜猜看這件玩具是

否可以穿過紙盒上的「山洞」，然後在寶寶回答了之後，將玩具交到寶寶手中，讓他親自求證答案是否正確。如果寶寶連續幾次都能正確地「推測」成功，您必須不停地給予寶寶一些口頭上（例如，「哇！真會猜！」）或是實質上（例如，一小張可以貼在小手上彩色貼紙）的獎勵與肯定。

經過一陣子的練習之後，寶寶便會開始「看」得出，尺寸「小於」洞口的玩具可以過得去，而「大於」洞口的則過不去。原因是，他已經累積了足夠的經驗與心得，使他能正確地預測玩具通過洞口的「機率」（probability）有多大！

接下來，請您公布一個新的遊戲規則，告訴寶寶，他每答對一次就可以有一個小獎品，但是如果他答錯一次，那麼他必須要交回一個獎品。請仔細觀察寶寶的反應，這是一個十分有趣的現象，就是當寶寶弄清楚了這項新的規則之後，您將發現寶寶在每一次作答之前，都會「很用力」地思考一陣子，然後才謹慎地告訴您答案。

的確，當所作決定的後果（consequence）比較嚴重的時候，即使是兩歲多的寶寶，也懂得要先想清楚了再作決定。

當然囉，您需要時常改變「山洞」開口的大小，也需要時常更換玩具的種類與大小，以避免寶寶多玩幾次之後，硬記住了答案，而不再經過眼睛觀察、大腦估量，預測機率的步驟。您也可以改變洞口的形狀，長方形可以是「電梯門」，三角形可以是「金字塔」，而正方形可以是「窗子」，以此來增加這個遊戲的新鮮感，並維持寶寶樂此不疲的好興致。

聰明的家長們，您還可以隨機隨興地利用其他需要寶寶動動腦的遊戲，例如，一起玩簡易拼圖（「這一塊拼圖是

不是放這裡啊？」）、穿襪子（「那一隻襪子爸爸可以穿得下嗎？」）和整理廚房餐具（「抹布該放在哪一個抽屜裡啊？」）……等，都是寶寶可以經由練習而累積心得，以作出正確決定的親子活動。

請記得，寶寶一開始的時候，多半會表現得鹵莽、不用大腦並且錯誤百出，但是只要給予足夠的時間和充分的練習，您將幾乎可聽得到寶寶小小腦袋瓜子中齒輪轉動的聲音哪！如果再配合上文所提的獎懲制度來訓練寶寶作決定，那麼久而久之，孩子遇到人生的選擇時，將逐漸會冷靜地思考，以智慧與理智來決定，而非瞎貓碰死耗子般胡亂猜測。而即使是當寶寶作了一個必須付出一些代價的決定（例如，踩水弄濕了衣褲），他也會勇敢地面對與承受（而不會想要逃避）。

這麼一來，在未來的人生中，寶寶會以膽大心細、豁達開朗的態度來為自己作抉擇，經驗抉擇所帶來的成功，並能愉快的以成功所帶來的獎勵來犒賞自己！

發獎品的藝術

不論您是以上文所提的方式來獎勵寶寶，還是在生活中其他的機會鼓勵和肯定寶寶，當您在選擇獎品的時候，請別忘了《教子有方》所列以下四項重點：

■ 每一個人的性情與喜好都不相同，您自以為是好的獎品，或是另外一個孩子幫您為寶寶所挑選的，都不見得是真正能令寶寶開心的獎品。因此，請您務必細心

體貼地先弄清楚寶寶的好惡，以免投資了時間、金錢與心思，卻討不到寶寶的歡心，反而弄得雙方都灰頭土臉，索然無趣。

■ 即時獎勵。例如，「寶寶剛才吃飯真乖，現在媽媽帶你去公園玩三十分鐘！」對於兩歲多的孩子來說，這要比一張口頭承諾的長期支票（「等下次我們有空上街時，爸爸請你吃冰淇淋，因為寶寶自己收玩具真是了不起！」）要有效得許多。

■ 獎品應該是寶寶看得到、摸得到、感受得到的，也就是實質的（例如，一個擁抱或一個氣球），而不是空洞不著邊際的（例如，銀行中為寶寶多存入的存款）。

■ 請別忘了，誠懇富有情感的讚美與鼓勵，永遠都是寶寶喜歡的獎品！

時光一去不復返

時間這個概念，是重要的人生課題，也是寶寶正在努力學習的一門科目。然而，我們此處所指的並不是寶寶已經會開始看鐘讀錶，或是問您：「現在幾點鐘了？」，我們所想強調的是，寶寶正開始粗淺地明白時間如流水，不停的在移動，不停的往前，無法停止，更無法回溯。

兩歲的寶寶多少懂得「現在」、「過去」和「未來」之間的差別，也多少明白日出日落、月圓月缺的週期性。

時間除了是永不止息地流入未來，同時還以另外一種形式存在於凡是具有「節奏」的活動之中！所謂的「節奏」，

就是在某一段時間之內，所發生一些事情的獨特規律與組合。舉例來說，當我們不自覺但有「節奏」地拍手時，潛意識裡其實正在整齊地將一固定的動作（如雙手手掌互擊），間隔排列在一個時間表上。

再舉個有關於寶寶的例子，過去當他趴在地上像小狗般滿地亂爬時，其實是在一定的時間內，有系統地將四肢移動的方式組織化，先出右手，再移動左膝蓋，出左手，然後是右膝蓋，如此反覆循環，在爬行的過程中製造出優美的節奏與韻律。也正因為如此，爬行對於訓練幼兒掌握時間的組織能力，是相當有效且重要的。

為什麼要從小就訓練寶寶的時間觀念呢？答案很簡單，在這偌大宇宙之間，茫茫人海中沒有任何一個人能夠逃離時間的掌握，也沒有任何的方式可以與時間交易或談判。那麼，愈早學會如何與時間的腳步配合，就愈能在時間的洪流中立定站穩不跌倒。

對於一個兩歲的幼童來說，時間的意義很單純也很直接，那就是日復一日中飲食、起居持續發生的秩序與節奏。也就是說，在生活之中，如果吃飯、睡覺、玩耍、洗澡等每一件大大小小的事情，都是雜亂無次序，毫無章法可循，甚至連是否會發生都說不準的話，成長於其中的孩子絕對會對時間感到遙不可及和混淆不清，繼而生出對於時間觀念強烈的無力感。

澆灌時間的種子

家長們該如何才能幫助寶寶發展出良好的時間觀念，以

確保他能有效地安排與組織自己的生活呢？請參考以下的建議，逐步且實際地努力行之。

- 在忙碌的生活之中，儘量為寶寶設定一個大致固定的作息時間表，使正常的日子裡，每天至少有幾件重要的大事（例如，去保母家、睡午覺、吃晚飯等）會在固定的時候發生，讓孩子能深刻體認時間的本質。只要寶寶能明白每天「小姊姊出門上學的時候」和「小姊姊放學回家的時候」是不一樣的，那麼屬於時間最基本的「週期性」，就已經在他心中生根萌芽了！
- 固定休息與睡眠的時間。也就是早晨起床、中午休憩和夜間就寢的時間應儘量固定在大致的範圍之內。兩歲的兒童每天有大約一半的時候應處於睡眠與休息之中，一個穩定持續的次序，無疑是十分重要的。
- 進食也是生活中的大事，包括早餐、中餐、午餐、點心等，如同睡眠一般，同樣必須「定時發生」。
- 晨起穿衣、入夜更衣沐浴等看似瑣碎的生活小節，雖然不需要嚴格地每日定時執行，但必須遵行一些大致的順序和可預期的「習慣」。
- 父母、親人不時「耳提面命」，使時間藉著語言在寶寶幼小的腦海中具體化，是一項培養孩子時間觀念的有效法寶！

 「寶寶起床啦，來，吃早餐囉，這是*今天*的*第一頓*飯喔！」

 「吃完*早餐*，寶寶可以去公園玩到吃*午飯*，午飯之*後*，寶寶就該睡午覺了！」

「*現在*我們再玩一會兒，*過一會兒*我們就吃晚餐！」

「晚飯*以後*，和爸爸媽媽去散步吧！」

「散*完*步回來，我們洗個澡就上床睡覺，一直到*明天早晨*再睜開眼睛！」

以上粗斜體字的部分都是與時間有關的字眼，您可以在與寶寶相處時，大量且靈活地運用！

■ 隨時留心寶寶是否接受了錯誤與歪曲的時間觀念。舉例來說，寶寶可以從一個三十分鐘的電視節目之中看完真正歷時數十天的「環遊世界三十天」，而錯亂了他原有的時間感。所以建議家長們，請務必慎選寶寶所觀看的電視節目。

■ 利用機會讓寶寶明白，同樣長的一段時間，依照當時不同的心情，會感覺到發生得迅速或緩慢。如果玩得很開心，那麼「再多玩十五分鐘」似乎轉眼就過了，反之，如果是餓著肚皮，在冷風寒雨之中等人，那麼十五分鐘的時間會變得久得不得了。

古語說得好：「一寸光陰一寸金，寸金難買寸光陰！」如何能不成為時間的手下敗將，是古往今來每個人都必須正面接觸的一大挑戰。只要家長們把握住生活中每一個可能的機會，持之以恆地為寶寶解說時間，那麼孩子將能夠在日後擁有掌管時間、組織時間，並且制衡時間的能力！

親愛的家長們，《教子有方》願意先肯定您為寶寶所付出的心思，並預祝寶寶日後的成功！

不守規矩，不聽話？

兩歲多的孩子是相當有己見、頑固與堅決的，他會有拒絕與父母合作、不肯吃飯、不願意上床睡覺的前科與再犯的傾向。然而，在家長們鎖緊眉頭，嚴正地指責寶寶頑皮、淘氣和不聽話之前，請先退一步，心平氣和地想一想，寶寶的不良行為，是否全部都是他個人的錯，必須由他單獨來負責？

其實，有許多時候，這些生活中親子間的不和諧，真正的導火線是緣自於父母親對於寶寶的不瞭解，也就是所謂的「代溝」！也有許多其他的時候，寶寶的偏差行為乃是父母錯誤管教方式的一種反射。因此，在聲討兩歲寶寶的「壞表現」之前，建議讀者們不如先自我反省教育孩子的方法和態度是否有值得修正之處。

您的規定，寶寶辦得到嗎？

「合理的設限」是優質管教的先決條件。有些行為，是不論在任何情形之下都不允許發生的。例如，自己打開大門出去、點燃瓦斯爐，或是類似的事項，家長們都必須清楚明白、重複地對寶寶解釋，甚至於要求寶寶不斷地覆誦，直到他完全記住，不會跨越雷池為止。

當然啦，如果要成功地讓寶寶做到您的要求，這些要求就必須是「辦得到的」與「合乎寶寶性情的」。假若只是一味地說「不可以這樣，不可以那樣……」或「不許碰這，不許碰那……」，這類含混籠統的「不可以」，無疑是要寶寶

紋風不動地立正站好才能辦得到，那麼家長們此時就注定要對寶寶失望了！舉個簡單的例子，在寶寶上車之前，他需要清楚地知道什麼是可以做的（例如，坐在車內欣賞街景），什麼是不可以做和危險的（例如，將頭手伸出車窗外），如此，他才不會在一上車之後，就立刻成為大人眼中的小調皮、小搗蛋！

謝絕體罰

體罰，可能可以立竿見影地為父母帶來「改邪歸正」的效果，但是同時，寶寶也多學會了另外一個不好的行為（打人），父母們可能在日後需要花更多的時間與心力，才能糾正寶寶打人的壞習慣。要知道，幼小的兒童極易將父母的行為模式「自我化」，因此，經常被父母體罰的幼兒，必然會學會許多侵害他人的言行舉止。《教子有方》建議您下一次當您再和寶寶怒目相視，準備搬出家法之際，請在心中提醒自己，「父母是孩子的榜樣，怒火燃燒時以體罰制住寶寶，只會製造更多的怒火與暴烈離譜的行為！」奉勸家長們，對於體罰，務必戒之、思之。

不可惡言相待

有一些父母會利用子女對他們的依戀與愛慕，在管教子女時，採取心理攻擊與感情打壓。「你實在不像是我的孩子！」、「我沒有你這種不乖的女兒！」、「為什麼哥哥永遠那麼懂事，而你就總是這麼令人討厭！」這類的冷嘲熱諷，很容易會在孩子幼嫩脆弱的心靈上，烙下永遠無法抹平的傷痕與痛苦，所造成負面與不幸的結果，其嚴重的程度，

將遠遠超出兩歲寶寶當時所做的那件令您惡言以待的錯事！

收服寶寶兩歲的心

不能體罰，也不能言語刻薄，那麼如何才能摸順寶寶拗執的個性，矯正他的不良行為呢？

一般說來，懂得尊重寶寶的感受，接受與諒解孩子獨特的個性與脾氣的家長們，要比強調「聽話」、「孝順」、「父母永遠是對的」、「天下無不是的父母」和「父母是主體、子女為附屬品」觀念的父母，更能在親子關係緊繃衝突時，技巧性地轉移孩子的怒火，化解一觸即發的情勢，也避免抗爭的發生。這類的父母是紓解寶寶火藥情緒的高手，當他們真誠地為寶寶分析他心中五味雜陳的感受時（例如，「媽媽知道你為什麼生氣，因為小明弄壞了你最心愛的玩具！」），寶寶將因為父母的瞭解，而得以放下心中的固執，從堅持己見，轉而願意主動與父母配合。

想想看，當寶寶因為心愛的玩具被弄壞，而氣憤得當眾捶胸跺足、放聲哭喊時，高壓的管教方法，雖然能夠立即使寶寶因為懾服於父母的威逼利誘而不再哭鬧，但是弄壞了的玩具，仍舊沒有修好，孩子心中的疼痛仍然存在，只是您不再看得到，也不再聽得到。假設此時家長們能改為採用一種關心與想要瞭解、願意分擔的態度來處理整個事件，那麼幼兒會在愛心的呵護中，找到新的勇氣、方向和希望，成功地自行走出困境，重新搭建穩固的情緒堡壘。

因此，下次再有類似的情況發生在寶寶身上時，與其處罰（「不許再哭了，再哭就關進黑房間裡！」）和冷嘲熱諷（「男生不可以哭，羞羞臉，怎麼和女生一樣？」），不如

試著和寶寶站在同一陣線（「玩具弄壞了好心疼是不是？媽媽知道，上次媽媽打破心愛的花瓶也是好心痛，來，媽媽抱住寶寶，別再難過了！」），以同仇敵愾的心情來面對寶寶的難題，看看寶寶是否能自動的破涕為笑，（「沒關係，壞了的玩具我還是可以玩！」）快快地遠離這個情緒的漩渦！

實例說明

以下我們將以一個如何安排寶寶準時就寢的例子，帶領家長們實際地練習以合理及關懷的態度，來整合親子之間不同的立場。

首先，請利用「合理的設限」為原則，仔細斟酌一個合情合理的上床時間。清楚地對寶寶解釋準時就寢的重要，以及一旦不遵守，所導致的不良後果（睡眠不足症候群），然後，家長們必須要拿出決心與毅力，堅持地執行！

準備好，寶寶一定會想盡方法來試探父母的「底限」，他會和您拖拖拉拉、磨磨蹭蹭，看看逾時不睡的後果到底是什麼？

「朝令夕改」，昨天才約法三章說好的就寢時間，今天就因為媽媽講電話忘了時間而得以「寬延一個小時」，那麼寶寶在日後不但絕對不會努力遵行，還會在他想要多玩一會兒新買的玩具，卻絲毫不被通融地被要求去「睡覺」時，憤怒且頑強地展開反抗行為了。因此，當家長們訂定了上床時間之後，要努力以古人的教誨：「君子一言，駟馬難追！」來自我鞭策，切記不可貪圖一時的方便，而輕易更改。即使當偶爾迫不得已發生例外時，也請儘可能提早通知寶寶，為他做好完善的心理準備。

在實際執行的過程中，您將會發現，家長們不斷地「預告」和提醒寶寶和「時間」所做的約定，其實是預防寶寶在上床時間發飆使壞最有效的方法。「還可以看五分鐘電視，五分鐘後該睡覺啦！」或是「我們還有時間可以在上床之前再玩一次剪刀石頭布！」都可以幫助寶寶想起他的承諾，以及在心中做好準備，而在父母宣布「上床時間到了」時，不至於感到措手不及而錯亂失控。

最後，提醒您不妨在寶寶臨睡之前哼一小段安眠曲，說一個小故事，或和寶寶一起對他的小布娃娃道晚安，為孩子忙碌於學習的一天，劃上一個甜美的句點。

運用以上的方式，家長們可以防患未然地，使得生活中各種需要準時及守規矩的場合，不再成為寶寶「表現不良家教」的陷阱。

「該吃飯了！」、「該回家了！」、「該小聲，不能說話了」、「等一下到了超市就一定要牽住媽媽的手……」、「再過三十分鐘客人來了，寶寶就不能再在客廳中拍皮球了……」都是幫助寶寶得體自處不失態的好方法。

請家長們千萬別忘了，與其採取高壓手段，而導致日後「冤冤相報」的惡性循環，何不心平氣和運用一些體貼與巧思，輕鬆愉快地帶領寶寶早日開始建立良好得體的行為舉止呢？

美勞課

指繪

這是一項幾乎每個兩歲的幼兒都會喜歡的活動！以下為

您介紹一個自製指繪顏料的配方。

先將一湯匙玉米粉（即太白粉）完全溶於半杯冷水中，邊攪拌邊以中火加熱，至沸騰（此時溶液不再潔白，開始變稠、變濃），調小火再繼續邊攪拌邊加熱，大約兩分鐘後質感十分光滑濃稠即可。

稍微冷卻之後，可自由調入顏料或食品色素。對於兩歲多的寶寶而言，每一次只用一、兩種顏色已是十分足夠了。多餘的玉米粉糊可加蓋保存於冰箱中，下次再使用。

幼兒指繪的「畫布」可以有許多不同的選擇：塑膠袋、紙杯、紙盤、鋁箔紙、用舊的桌布，都可供寶寶塗鴉。

用一小塊浸濕的海棉先均勻沾濕「畫布」的表面，然後用湯匙舀一團預先調和好的顏料，倒在「畫布」上，示範給寶寶看，並且鼓勵寶寶用他的小手（整個手掌），將「畫布」表面塗滿顏色。您可以適時一湯匙、一湯匙地為寶寶在「畫布」上添加顏料，直到完工為止。

然後，寶寶可以開始畫了，讓寶寶自由選擇他所喜歡的方式，使用手指也好，指節、手背，甚至於手腕、手肘都無妨，讓孩子隨心所欲地自由作畫，畫多久都沒關係。

善後的收拾並不複雜，您可以帶著寶寶一起做，只需要一塊濕海棉和一塊乾抹布，即可輕鬆地將「畫室」回復整齊清潔。

黏土

指繪與黏土都能在寶寶創作的時候，讓他有機會直接觸摸到所用的「材料」，並能容許寶寶隨心所欲盡情揮灑。而玩黏土還有一個好處，就是當寶寶過度興奮或是緊張，需要

「解除壓力」時，黏土是很好的「出氣筒」。寶寶可以敲，可以打，可以捏，可以將整團黏土撕成碎片，而不用擔心會做錯事，更不會有人來責罵和懲罰他。

兩歲寶寶纖細柔軟的手指仍然十分無力，因此，所使用的黏土不可過分堅硬。家長自製黏土的簡易方式如下：

在大碗中先混和兩杯麵粉和半杯鹽，邊攪邊緩慢滴入一茶匙食用油和大約四分之三杯水。請注意，加水時不可太快，以免麵糰過濕。然後，您可在麵板上將麵糰揉至光滑，即算是大功告成了。

您只要為寶寶提供一個寬闊平滑的表面，坐下來和寶寶一塊兒隨意捏塑，相信這個活動將為您和寶寶帶來無數美好的時光，及無限美妙的經驗。

 # 不受歡迎的乘客！

兩歲的寶寶是不會像紳士或淑女般規規矩矩地乘坐交通工具的。只要寶寶的心情、精神還算清爽愉快，不論是短短五分鐘的車程，或是十個小時的飛行，他都會全程呱噪不已、喋喋不休，還會像個上足了發條的機械玩偶般，不停地動來動去，扭轉身體，這裡摸一摸，那兒踢一踢，弄得車上其他所有的乘客和駕駛，都不勝其擾地希望他快快睡著，或是最好不要上車。

為了避免駕駛因寶寶的吵鬧分心而引發意外交通事故，也為了預防父母耐不住好脾氣，而使得一趟原本愉快的旅程，最後弄得大人生氣、小孩哭泣，結果不歡而散，《教子有方》為您提供了以下幾項值得參考的「帶寶寶乘車守

則」。

打包行李

奉勸家長們，在出門之前務必做好萬全的準備，不論旅程的長短，大人與寶寶所需要的用品，都應分門別類事先完全收拾好。舉凡地圖、太陽眼鏡、飲水、寶寶的點心、急救箱等都是需要沙盤推演，逐一預備妥當的。為寶寶提供一個背包或是小書包，讓他在出門前自行選擇一些心愛的玩具，只要經過家長許可（不可帶有尖銳稜角，以免行車中刺傷眼睛，也不可包含細小的零件，以免一旦滑入車箱或座椅中，很難尋找），即可成為寶寶的小小旅行包。

計畫行程

心理建設也是很重要的。尊重寶寶「知的權利」，早早讓他知道你們的目的地為何？會花多少時間？在飛機上會吃飯嗎？引導寶寶加入計畫的過程，與寶寶一同商議：「昨天買的西瓜好甜，今天我們再去超市買個西瓜好嗎？」或是在地圖或地球儀上帶領寶寶預先「神遊」一番：「那兒是墾丁，我們要順著這條高速公路，一直開，一直開，才能去墾丁看好漂亮的海！」建議家長們摒棄「別再問了，到了就知道了」這類負面的嚮導。如果您只對寶寶說：「上車，我們走了！」但卻不告訴他：「我們要回家吃晚飯了！」我們相信這只會使得可能早已飢腸轆轆的寶寶，在整個車程中更加焦慮煩躁不安和吵鬧不休。

乘車樂趣多

啓程之前，請先確認所有的乘客，尤其是寶寶，都已繫好安全帶，這不僅是一條必須遵守的法律，更是行車安全不可缺少的好習慣。

一旦出發，不妨製造一些大人和小孩可以共同打發時間的活動，一同跟著音響唱歌，數數車窗外朵朵白雲，認認路牌上不同的路名，加一加前面那輛車車牌上所有阿拉伯數字的總和是多少……。總而言之，只要家長們能保持愉快的心情，引導寶寶參與這美妙的旅程，那麼您的車中將就會有一個開心又有興致的孩子，而不會再有一位公認的「不速之客」了！

最後附加的一點是，基於e世代生活及節奏的改變，愈來愈多的家庭唯有在乘車時，才是家人得以說說話、談談心的機會（乘車的時間，似乎已逐漸在取代晚餐時間，成爲溫馨家庭的另類象徵）。親愛的家長們，何不現在開始就養成利用乘車旅行的時間，和孩子交流、溝通，及共享美好時光的好習慣。轉眼十年之後，也許您的青少年「寶寶」就會「習慣地」、放心地跨越代溝，利用幾分鐘的車程，對您吐露短短一小段的心聲呢！

P.s. 提醒您！

❖ 先別急著糾正寶寶的「胡言亂語」！
❖ 找機會開始訓練寶寶自己作決定！
❖ 養成在車程中和寶寶談心的習慣！

迴　響

親愛的《教子有方》：

　　小兒是我生命中最大的財富，但是我想我並不完全懂得一個幼小的生命是如何成長，如何發展，以及如何學習？我想要為小兒提供一個啟發的環境，並且在他準備好的時候，教導他所需的知識！

　　《教子有方》給予我充足的信心，讓我知道我有能力好好地教養小兒，這個快樂又聰明的小生命。

　　謝謝您們！

潘德恩（美國緬州）

第四個月

爲寶寶壯膽

　　對於不懂得害怕爲何物的人而言，膽小是一件很離譜的事，在他們的眼中，畏首畏尾，膽小如鼠，甚至於打顫、發抖、流淚與哭泣等，都是不可理喻和難以想像的行爲。不害怕的人不僅不懂得害怕是何物，無法有效地安慰或幫助那些擔驚受怕的人，亦不知該如何平撫他們心中的害怕。

　　很多時候，家長們處理幼兒的「驚魂」事件時，也是十分無可奈何、十分滿腹不解和十分無力的。

　　事實上，父母們在幫助幼兒克服恐懼感的過程中最困難的一點，就是如何適時地看出寶寶的害怕與不安。兩歲多的寶寶還沒有辦法流利地表達心中的感受，尤其是在他害怕的時候，愈發無法成功地向人訴說心中的不安。

　　除此以外，寶寶也可能還不懂得自己心中「怪怪的」感覺是怎麼回事？也許他覺得有些不對勁，有些不安，有些想哭，但是他並不知道，其實當時正有某樣事、某個人或是某件物體，使他心生恐懼，迫切地想要遠離，尋求保護與安全。

　　聰明的家長們，當您面對心愛的寶寶「不尋常」的舉動或反應時，請先別立刻就認定他哭鬧不休，扯著您的衣褲不鬆手是找麻煩；別先判定寶寶躲在桌子下面不出來，是沒出息的個性使然；更別以爲他堅決不肯與您合作，不肯「聽話」，就是故意使壞與您作對。不妨仔細想一想，他是否是在害怕些什麼？和爲什麼害怕？

　　安撫一個因爲害怕而言語行爲失控、情緒混亂的幼兒不

是一件簡單的事，有的時候還會令父母覺得十分頭疼和傷腦筋！許多曾經經驗過寶寶害怕事件的家長們，他們的共同感覺就是，寶寶的害怕，要比他的頑固和壞脾氣更加棘手，更令人難以對付。即使是父母很清楚的知道寶寶的害怕和原因是什麼，有許多時候，困難其實在於苦無對策，不知如何才能使寶寶不害怕。

「害怕」是何物？

現在，讓我們先對於「害怕」這件事做一些稍微深入的探討。害怕，是人類一種本能的情緒反應，是一種發乎自然的自衛能力。某些害怕，如初生嬰兒對於重大聲響以及突發性強烈震盪的反應，是與生所俱的一種反射，也是每個生命都擁有的共同特點。

反之，另外有一種害怕，是經由後天學習所逐漸培養產生的。例如我們從小就不斷地自親人口中、書中及各式傳播媒體中學會，要對可能導致不良後果的人、事、物，慎重提防與小心避免，舉凡陌生人、爐上的開水、車輛穿梭不息的大馬路等，都是我們逐漸從毫不對其設防，慢慢發展為懂得害怕的一些經驗。

成長中的孩子，也會在自我學習的過程中，產生一些獨特的害怕。例如，一個孩子某日在小公園玩耍時，正好看到另外一個兒童從秋千上跌下來摔破了頭，那麼下一次當他自己坐上秋千時，他必定會緊張小心地用力抓住秋千，以免也遭到摔破頭的命運。像這一類的害怕，其實是健康且不必迴避的，這種恐懼可以幫助寶寶躲避危險，並且化險為夷。

膽量從何來？

那麼，家長與親人們應該如何才能在寶寶害怕的時候幫助寶寶呢？首先，父母應該注意避免兩種極端的反應，一種是在寶寶每一次害怕時，就「大驚小怪」地以許多誇張的方式來回應寶寶的害怕；另一種則是不論寶寶是否已「嚇破了膽」，都輕描淡寫地以「別理他，小孩子一下子就忘了」的態度一笑置之。

而在以上這兩種極端之間，最快樂的結局，就是當孩子害怕的時候，家長們能付出深刻的體貼與關懷，仔細地分辨孩子身心不平安的起因與由來。

依常理而言，家長們應該會希望孩子早日克服那些「不實際」的害怕，這不僅是為了孩子的好處，父母也會因而得到喘一口氣的機會，但是該如何著手才好呢？

承認與確認寶寶的害怕是最重要的第一步，信心與勇氣的恢復則是不可或缺的關鍵！

曾有類似經驗的父母都知道，孩子的害怕如果處理得不好，反而容易愈描愈黑地使孩子變得更加膽小，更加害怕。因此，請家長們務必謹記在心的一點是，不論寶寶所害怕的事由聽起來是多麼的幼稚，多麼的小題大作、無聊、可笑，請真心相信寶寶所經歷的害怕是千真萬確的。因為唯有當您尊重寶寶的感受，認同他的恐懼時，您才能溫和地安撫他的情緒，告訴他，那威脅他令他害怕的事與物，都是不真實、不存在的，他的害怕也是沒有必要的。

以下我們將以一些實際的例子，來為您「推演」幫助孩子壯膽的招數。一般來說，某些怕人的動物、黑暗、家中突然出現大嗓門的客人、上床睡覺，以及與父母分別等，都是

常見幼兒所害怕的對象。

小動物並不可怕

幼兒對於小動物的害怕，多半緣自於過去曾經發生過的不良經驗。也許是被鄰家的小貓抓傷過，或是被市場上的小狗吠聲驚嚇過，這種害怕，有時候會嚴重到孩子連看到類似造型的填充玩具都會哭泣躲避的地步。

如果您的寶寶也有類似的「恐懼小動物情結」，那麼也許您可以考慮先從去一趟動物園開始著手。找一個天氣情朗、寶寶精神愉快的日子，帶著寶寶逐一去認識與熟悉這些與我們人類共同生存於地球上的可愛動物，耐心地為寶寶解說，不要太心急也不要施加壓力，任由寶寶依照他的心情與腳步四處觀看。一旦寶寶顯現出遲疑、不安的跡象，家長們要即時安靜地抱起寶寶，將他緊緊地擁在懷中，直到寶寶主動願意再度自由走動為止。

在日常生活之中，您也可以儘量地讓寶寶從各種不同的角度，和以各種不同的方式，來看待周遭的各種小動物。從陪伴人的寵物狗、牧場上的狗、盲人的引導狗、展賽中的小小淑女狗，到路旁的野狗等，都是家人可以在適當時機為他解說，幫助寶寶更加與之熟悉的好題材。散步在公園中時，您可讓寶寶在您緊抱的懷中仔細觀察路人牽遛的小狗，您也可以在行車途中停下車來，搖下車窗，讓寶寶安全地坐在車中，慢慢研究街角的大狼狗。

有適當的機會時，您可先讓寶寶看到別的孩子與小動物的自然接觸，再鼓勵寶寶也伸出小手去摸摸狗尾巴，拍拍狗的背。

漸漸的，寶寶會因瞭解而發現，狗的世界其實並不「離譜」，大多數家中所豢養的寵物，只要沒有特殊意外，是不會主動攻擊人，不太需要害怕的。

大聲公和凶婆娘？

那麼，如果有位熱情勇敢、活力四射、嗓門特大的訪客或親人，不時捏一捏寶寶的手臂，掐一掐他的面頰，還會突然放聲大笑，弄得寶寶恐懼萬分，坐立難安，不知該如何自處，身為家長的您，又該如何才能既不失待客之道，又可使躲在您身後嚇得不敢出聲的寶寶安然度過眼前的難關，並且在日後不再對所有來訪的親友，都一視同仁地認為是「可怕之物」呢？

您當然是無法命令訪客噤聲，更不可指揮他們的言行舉止，但是也許您下次可以預先告訴來訪親友，家中兩歲多的寶寶正在學習適應與外人相處，寶寶需要時間與溫柔的善意，也許如此一來，對於寶寶而言，訪客們就會比較「收斂」一些，比較「客氣」一些，也比較「不可怕」一些了。

如果以上的方法行不通，那麼家長們可以試著在與訪客寒暄交談的同時，將寶寶抱在懷中，讓孩子可以以同樣的高度，平行地正視這位「來勢洶洶」的陌生人，在經過一番「檢視」之後，寶寶很可能會自己發現，這位動作、聲音都巨大無比的客人，其實也長著一張和藹可親、滿是笑容的面孔，並不具有威脅性，也並不值得害怕。

然而，如果寶寶在您的懷中依然全身扭動，不安地哭鬧，那麼聰明的家長應該立即安慰寶寶，想辦法使他激動的情緒平穩下來。也許可以藉著另外一樣有趣的事物，轉移他

的注意。還記得嗎？兩歲的寶寶是十分好奇的，因此一旦他的好奇心被勾起，那麼他焦躁不安的情緒，甚至於對來訪者的害怕，都可能會被迅速的排除。也許過了一陣子，他就會眨動好奇的雙眼，自動走到訪客身旁，試著與之更親密呢！

怕黑、怕上床、怕睡覺

至於怕黑、怕上床和怕睡覺這三件事，則通常是互相關聯的，而這些情緒更是與害怕和父母分開息息相關。根據經驗，在處理這些敏感的問題時，「先聲奪人」將會是一項您屢試不爽的好方法。

「先聲奪人」的意思是，如果家長們已預知某些寶寶所害怕的事，即將無可避免的必然要發生了（例如，看醫生打預防針、早晨目送爸爸出門上班，或者去小公園散步必經過有養狗的人家等等），那麼，請您在「事發之前」，即以溫和的言語提醒寶寶，給他鼓勵，保證他的安全，冷靜地讓寶寶知道您會全心全力保護他。維持您語調的平和，儘量用正常的語氣對寶寶說：「等一下我們去小公園溜滑梯，會經過賣燒餅油條的小店，還會經過便利超市，記得嗎？超市旁美容院的門口有一條黃色的大狗，會搖尾巴，汪汪叫，但是不會咬人對不對？放心，媽媽到了超市門口就會把你抱起來，寶寶不害怕！」

晚上睡覺熄燈之前，您可以柔聲邀請寶寶：「等一會兒我們要關燈了，關燈前寶寶想不想選一隻布狗熊陪你啊？那麼寶寶想不想自己關燈啊？」您也可以帶領寶寶練習關燈，並且共同在黑暗中適應一下那種不同的感受。

除了「先聲奪人」之外，另外一個重要的「壯膽特效

藥」，就是百分之百的信任！寶寶必須對他的父母與親人產生一份根深柢固、強而有力的信任，相信他的父母即使是在燈熄了後也仍然在附近，在寶寶有需要時會即時出現幫助他；相信在他沉沉入睡之後，第二天早上睜開雙眼時，母親慈愛的臉龐仍然會第一個出現在眼前；相信在短暫的分別之後，爸爸一定會來保母家接他回去。最重要的是，寶寶要有一種因為信任父母的愛心與付出而產生的安全感！

因此，父母親的「功課」就是一而再、再而三、三而四地，以實際的行動向寶寶「交心」與「表態」，直到取得寶寶完全的信任為止，這個過程所需要的時間每個孩子都不一樣，請家長們自我期勉，在大功告成之前千萬不要輕易放棄，否則不僅功虧一簣，寶寶可能還會因而減少了對於父母「誠信」的認可，變得更加畏縮、膽小與猶疑不決。

最後一點是，千萬不要利用寶寶的害怕來懲罰他，作為糾正不良言行舉止的手段。不要把孩子關進密閉的黑屋子中，不要威脅他要請警察來抓他去警察局，更不可恐嚇他再不聽話，要去醫生那兒打針！這些看來似乎有效的方法，可能一時會震住寶寶的害怕，止住他因害怕而引發的不良行為，但是久而久之，寶寶不僅不會變得更勇敢、更艱韌，反而會在原本的害怕清單之中，添加上怕黑屋子、怕警察和怕看醫生。

總而言之，在為寶寶磨練與培養膽量的過程中，請家長們多多利用「先聲奪人」、「交心表態」以及「切忌恐嚇」三帖「壯膽特效藥」，用不了多久的時日，寶寶自然會將那些不值得害怕的事由逐漸在生活中淡化，不再整日疑神疑鬼，膽小如鼠。當然囉，身為家長的您，也必須克制自己

的膽小，才能在這門獨特的育兒科目上交出一張漂亮的成績單！

藝術的殿堂

現在正是將藝術之喜樂引入寶寶生命的大好時機！兩歲多的幼兒，手掌與手指的各種大小肌肉多已能運用自如，當手中握有書、筆、顏料或黏土時，寶寶已可漸漸手腦並用地將他小小的心思，成熟且靈活地藉著這些媒介表現出來。

還記得兩歲多的寶寶是富於想像且善於冒險的嗎？當您將藝術的工具交在他幼小的雙手中時，繁華豐富的想像世界和生動活潑的創造園地，便立刻會展現在眼前，引領寶寶進入一個奧妙、美麗且令人樂而忘返的新天新地！

雖然說21世紀是屬於電腦、屬於人工智慧和屬於科技的世紀，出生於e世代的兒童會很熟悉各式「裝有兩個電池，會跑，會動……」的玩具，但是《教子有方》仍然建議家長們，鼓勵並容許幼兒以最原始的方式，使用他的雙手、雙眼，去摸、去塗、去捏塑，創造一些屬於他個人的「天然作品」。

我們已經在「第三個月」時，為家長們介紹過指繪和黏土的有趣妙用。除此而外，寶寶會漸漸地開始握住粗胖的粉筆、蠟筆或鉛筆，以他自己獨創的方式開始塗鴉。剛開始的時候，您必然看不出寶寶塗寫的內容是些什麼，但是用不了多久的時間，一些生活中常見的人物、動物和景物，即會從一些單純、天真及自然的線條組合與圖形中，呈現在您的面前。母親的笑臉、心愛的皮球、爸爸的車子……等，都會逐

一出現在寶寶的作品中。從二度空間的平面圖形，到三度空間立體的造形，對於寶寶似乎都不是一件難事！

在每一個生命的心田中，都有一個可以發展欣賞藝術並喜愛藝術的角落，愈早接觸到其中的美好，就愈能將潛在的想像與創意激發出來。

親愛的家長們，在您的生活所容許的範圍內，何不放手讓寶寶自由自在、隨心所欲地去實驗，並發現以他小小的雙手、童稚的心眼，所能造就的藝術是多麼的美好！

小小工作服

另外，在鼓勵寶寶揮灑水墨顏料，大幹一場之前，何不先為寶寶準備一件小小的工作服？

利用大人穿舊的T恤、襯衫或是零碎的布料，發揮您的創意，製作一件舒適又獨特的工作服，染上一個寶寶的小手印或是腳印，或用簽字筆在胸前寫上寶寶的名字，當寶寶既得意又興奮地穿上這件工作服，「正式」開始「大作」時，他便可以不受拘束，盡情且自在地在畫布、畫紙、黏土上，表達一切的心思意念，而家長們也可安心地不怕寶寶弄髒衣服，從容享受寶寶創作的美好時光與心情。

 # 嫉妒與爭寵

我們在過去的這幾個月中，已經多次為家長們深入地討論過兩歲寶寶近來人格方面的發展與陶成，多傾向於自我意識的尋找與認同。換句話說，寶寶正全力地在弄清楚：「自己是誰？」和「自己可以做些什麼事？」

在這個重要的成長過程中，寶寶會逐漸走出父母的羽翼，開始以較為成熟、自信且獨立的心態，勇敢地迎向屬於他自己的人生。然而，寶寶也會在這個過程之中，無可避免地體會到「嫉妒」的感覺，尤其是當家中另有一個和他年齡相差不遠的幼兒同時存在時，這份莫名其妙的嫉妒就會變得更加突顯和強烈。

一個兩歲多的幼兒排遣嫉妒心情的方
式有兩種：一是消極的退步行為（regressive
behavior），另一則是積極的攻擊行為
（aggressive behavior）。退步行為指的是，寶寶突然之間又回到如同小嬰兒時期一般，開始做出吃手、爬行、嚎啕大哭等行為，或發生了尿床、濕褲子、流口水，甚至突然之間不會說話等等事件。而攻擊行為則是家人可以很清楚地看出寶寶對於父母，或是對於「假想敵」的負面言行舉止。

在我國的傳統家庭倫理中，一向強調「長幼有序，兄友弟恭」，因此，當寶寶因嫉妒而引爆手足爭執，甚至肢體衝突時，必定會令父母們怒火上衝，忍不住要生氣。想想看，原本在父母眼中應該是相親相愛、彼此扶持、互相幫助的兄弟姊妹，居然會如仇人似地怒目相視，甚至拳腳相向，那是多麼令父母痛心與失望的一件事啊！

一般來說，兄弟姊妹的爭吵與不和，多少是因為彼此都將對方當成是爭奪父母寵愛、時間與關心的對手和「假想敵」。最常見的情形是，當家中有新生的弟妹時，原本最年幼的孩子會突然「打翻醋罈子」，想盡各種方式與小嬰兒作對，來爭取父母的注意力。

如果您家中兩歲的寶寶近來正有此類「不可理喻」的

舉止，那麼請您務必慎重地自我提醒，不論寶寶的行為是多麼的不應該、使人生厭和「欠修理」，嫉妒心其實只是一種人類正常的情緒反應，換作是任何人，包括您自己，一旦處於寶寶的立場，都會產生同樣的反應，因而不自知地做出許多不該做的事情。只要您能即時想起，寶寶失去了「全家最小，最值得疼愛與呵護」的寶座，必須紓發心中所自然湧起的失意與落漠，那麼您就應該較為能夠設身處地站在寶寶的立場，來看待與處理這些惱人的事件了。

超級肥仔的啟示

在正式開始討論這個嚴肅的主題之前，讓我們藉著布茱蒂（Judy Blume）女士在《超級肥仔》（Superfudge）一書中幽默的筆調，來思考一下這個在人類歷史幾千年以來，世世代代幾乎是屢見不鮮但又難以解決的難題。

肥仔要賣掉他剛出世的妹妹，每一次家中有客人來訪時，肥仔都會詢問客人：「你喜歡我的妹妹嗎？我可以十塊錢就賣給你。」但是沒有人真的買了妹妹，因此肥仔改變策略，在馬路中央一一攔住過往的行人說：「如果你能把我的妹妹帶回你的家中，永遠不再帶她回來，那麼我會付你十塊錢！」

親愛的讀者們，這幅畫面是否有些熟悉，而且也喚醒了您一些深藏在記憶底層的遙遠印象？

兄弟姊妹之間的敵對和仇視，乃是由於父母對於子女的「差別待遇」所使然，因此，父母親所應肩負的責任遠超於他們的子女！

當父母之中有人有意無意地流露出「偏心」、「偏愛」

的言行舉止時，被冷落、被忽略與被排擠的孩子，與被疼愛、被守護和被捧在手掌心的孩子之間，必然會產生對立與競爭的心結。這種情形如果發生在被偏愛的是剛出生的嬰兒，而被冷落的是尚且年幼的稚兒之間時，手足之間的衝突，將會更加的激烈和白熱化。

另外一種常見的原因是，如果父母對於某一個孩子的管教尺度十分寬鬆與縱容，而對於另外一個孩子則是過度的要求，不斷地苛責與鞭策，那麼這兩個孩子之間也必然是溝渠分明，水火互不相容的。

此外，當父母或家人不斷地將孩子們的各種表現公開地比較，如比較乖、比較廋、比較懂事、比較毛躁等等，也是引起手足不睦的原因之一。

綜合以上三種原因，落實在現實生活之中，我們不難發現重男輕女、嚴長寬幼、嫌愚愛智、劫強濟弱等，是為人父母者難免應著人性而陷入的「圈套」，正是手足之間幼時相爭，及長相煎，甚至於形同陌路、反目成仇的癥結。

如果您兩歲的寶寶，現在正處於因對於新生的弟弟或妹妹妒火中燒，而行為失控的處境，以下是我們為您提供的對策。

本是同根生

家長們所必須做到最基本的一件事，就是帶領寶寶和您站在同一條陣線上，以同仇敵愾的立場，來看待襁褓中的小弟弟或是小妹妹。

從嬰兒出生的第一天，您即可邀請寶寶的參與，舉凡餵奶、換尿片、穿襪子，都是您可以為寶寶一一解說的生活細

節；而有關於嬰兒的眉眼、頭髮、手指頭、腳丫子，也都是您們可以在「共同把玩」之中，增加寶寶對於嬰兒好感的話題。最重要的是，您要讓寶寶覺得這個小嬰孩是「他的」弟弟或妹妹，而不是「媽媽另外一個比我更小的孩子」。讓寶寶明白，小嬰兒目前所得到的關注是因為他尚幼小，寶寶小的時候也曾經接受過同等的待遇。您甚至還可以找出寶寶出生時的相片與錄影帶，和寶寶藉著迎接新生嬰兒的喜悅，重新回味寶寶幼時的點點滴滴。這麼一來，寶寶會在心中萌發出和小嬰兒「氣味相投」的感覺，也明白愈小的生命是愈需要小心照顧的道理。

妥善分配育嬰的工作

其次，在寶寶能力所及的範圍之內，讓寶寶一同加入照顧嬰兒的行列，給寶寶一些參與的機會，讓他感受到一些與有榮焉的快樂。當然囉，兩歲的寶寶在幫忙的時候，很可能「笨手笨腳」地幫了倒忙，或是闖了禍。整體而言，他大約是無法功過相抵的（總是過失多於幫忙），但正是因為如此，家長更應該在他自動自發幫倒忙之前，派給寶寶一些看似重要，卻不容易出錯的任務。例如，當您為嬰兒洗澡時，與其任由寶寶興奮地四處蹦跳，不是潑倒了水盆就是弄翻了洗髮精，還不如讓寶寶拿住一條大浴巾在您身旁等待，等嬰孩一洗好，您即可用來包裹擦拭嬰兒，您以為如何呢？

不論家長們決定安排給寶寶的是何種差事，請記得，最最不應該發生的情形，就是將寶寶驅逐出境，摒除在這個熱鬧喜悅的旋風之外。除非不得已，請不要對寶寶說：「出去出去！」或是「快點讓開！」、「媽媽要為貝比……，您

先走遠一點，不要過來！」等的話，以免傷害寶寶稚嫩的心靈。

貼心獨處時光

最後一點，也是最重要的一點，就是請您務必要排除萬難，在每天都安排一段與寶寶單獨相處的時間，以實際的行動證明給寶寶看，讓他明白，雖然新生的嬰兒近來已占去父母大部分的時間與心力，他們仍然是深愛著寶寶，關心著寶寶，喜歡和寶寶在一起！當您和寶寶相處時，請把握住有限的時間，熱情有勁地以擁抱、親吻和言語，努力為寶寶營造一段「量少質精」的親密時光，幫助寶寶重新肯定自我，拾回信心。

反過來說，如果您的寶寶目前正是「被嫉妒和被攻擊」的對象，那麼您又該怎麼辦呢？很簡單，您只要將以上的建議全部運用在那位「挑釁兒童」的身上，雖然為時稍晚，但是如果能夠持之以恆地進行，亦可使衝突逐漸化解，幫助您的子女彼此相親相愛，滋長出珍貴的手足之情。

這種緣自於爭寵的手足之爭，在孩子上小學之前都還會不斷地持續發生，因為寶寶仍然還是會「不由自主」地以為，每當父母付給另外一個孩子一分關愛時，剩餘能付給自己的關愛就減少了一分。

親愛的家長們，當您讀完本文，有了以上這些基本的認知之後，是否已警覺到自己在處理子女的「爭寵」事件時，某些心態需要調整？而您是否也已明瞭，為什麼「爭寵」的問題會出現在您的家庭之中？

《教子有方》願意懇切地再次提醒您，每一個生命都

是寶貴的，每一個生命也是完全不相同的，正因為不同的孩子會有不同的特質，也許您因此而採用不同的方式來表達您對他們的愛，但是請您別忘了要對孩子解釋，並分享您心中的真正想法，以免幼小的孩子因著您的言行，而作出錯誤的判斷，不由自主地產生了嫉妒之心，導致手足爭寵的混亂結果。

祝福您的家庭「姊妹兄弟都和氣，父母都慈祥……」。

幼兒視力問題

許多視力的問題，如果能在孩子幼小的時候，愈早發現、確認與就醫，那麼醫治成功的機會也就愈大，因此，以下我們願意利用一些篇幅，指出家長們應該提高警覺，仔細注意的一些細節，為維護寶寶優良視力，架設好萬無一失的防線！

生命早期視力的發展模式，可以「愈用愈好」來形容。當寶寶正常與恰當地使用雙目時，他的視力也同時會因而增長，也就是說，不論是當寶寶玩積木、畫圖或是摘花時，他的視覺能力都會跟著不斷地進步。在視力快速發展的過程之中，難免也會發生一些「差錯」，「有備而來」的家長們，如果能在視力偏差的癥狀第一次出現時，立即求醫治療，這些問題通常都是可以治癒和矯正的。

遠視

在小兒科醫師針對學前兒童所做的視力普檢中，常會遇到的視力問題是遠視（hyperopia）。遠視眼雖然對於成人

來說，在閱讀時會造成困擾與不便，但是對於學前的兒童而言，則幾乎不會造成任何生活上的差別。

近視

另外一種愈來愈常發生於學前兒童的視力問題則是近視（myopia），最常見的癥狀，就是孩子會瞇著雙眼看東西，或者經常會因看不清楚路面的不平之處而跌倒。

斜視

還有一項值得家長們警覺的幼兒視力問題，就是斜視（strabismus），也就是雙眼的肌肉無法同時運作兩隻眼球，使之能同步轉動運行。如果左右眼的視線會在某一處相遇，那麼就會形成一般俗稱的「鬥雞眼」（cross-eye）；反之，雙眼目光左右各奔前程，這種情形則稱為「開門眼」（walleye）。斜視很可能是在寶寶剛出世時即已存在的問題（但要等到孩子稍大才會明顯地表現出來），但是也有可能在任何其他的年齡發生。一歲以上的寶寶，如果不打預防針、不生病，大約半年到一年才會看一次小兒科醫生做健康檢查，在這麼長的時間間隔之中，如果完全依賴醫生的檢查，那麼斜視的矯正時期，就很有可能被延誤。

小心弱視的產生

家長們平時可以在家中隨時觀察寶寶是否有斜視的傾向。檢查斜視最好的時機，是當寶寶已感疲累，但仍在玩耍的時候，有斜視問題的眼球會在此時特別明顯地朝內或朝外偏移。父母們一旦發現這種情形，就應該不迴避、不隱

藏，主動且積極地帶寶寶就醫診斷與治療。要知道，鬥雞眼或開門眼如果不及早治療，除了外觀特別容易引人注意之外，有時也會導致視力永久的消滅，而成為所謂的弱視（amblyopia）。

當斜視的眼球朝內或朝外偏移到某一個程度時，為了避免雙重影像的發生，大腦會自動阻斷這一隻眼球的視力，久而久之，這個眼球會變得「懶惰」，而終至看不清楚成為弱視。弱視也有可能會發生在先天遺傳單眼近視的幼兒身上，看不清楚的那隻眼睛自然而然被長期「打入冷宮」，長久不被使用之後，極有可能會導致弱視。此時唯有早日發現問題，盡速就醫治療與矯正，才可避免更加嚴重的後果，早日恢復寶寶的正常視力。

請您務必要記得，幼兒的視力問題絕對不可能：「不管它，寶寶大一點自然會慢慢的變好！」因此，父母們多一分的仔細與警覺，寶寶的視力健康也就多了一分保證。

現在談禮貌太早了嗎？

禮貌，指的是人類起居、行動及社交的規矩，和在這些規矩中所展現出來的儀容與態度。在此，我們所討論的並不是國際標準禮儀，更不是刻板的軍訓禮儀，而是日常生活中人與人之間最簡單的親切友好應對進退。舉凡「對不起！」、「謝謝你！」、「麻煩你！」等小小的「口頭禪」，都能為愈來愈缺少人情味的社會，多添一分溫柔，多加一絲情誼，更多洋溢一些屬於人性的光輝與溫馨。

好的禮貌

在我們開始討論如何幫助兩歲的寶寶建立有禮貌的好習慣時，讓我們先一同來分析，什麼才是真正的「好的禮貌」？

「好的禮貌」，其實就是一種良好的對待他人的態度。這種真誠的態度，揉合了對於他人權利、思想、意見及感受的尊重。即使在彼此意見互不相同時，仍能以敬重之心和平共處。換句話說，一成不變刻板地遵守社會教條與禮俗，並不等於是好的禮貌。

在傳統的禮節習俗中，有一部分是屬於必須的，不可缺少的，亦有另一個極端是屬於陳腐與繁瑣的，在這兩者之間，還存有各式各樣根據不同民俗與背景所產生的各種不同的成規。不論我們在這個規矩多如繁星，又難以掌握分寸的禮儀世界中所採取的立場為何、尺度為何，最重要的是，藉著這些禮貌所傳達出的誠意與關懷是否真切，是否體貼，是否為人心所喜悅，所樂於接納！

對於一個兩歲的兒童而言，學會恰如其分地表達他的真心，要比學會表面的禮貌與客套來得更為重要，您以為呢？

舉例來說，「謝謝你」這三個字的本意是心中真誠的感激，但是如果「謝謝你」被運用在某些特殊的時機，配合以誇張的表達方式，亦可產生傷害人與羞辱人等惡劣的結果。可見，在語言的背後所蘊藏的情意，所能製造的效應，絕對不是幾句刻板的遣詞用字所能相提並論的。

好禮貌陶冶成好寶寶

成長中幼兒良好的禮貌，不僅可以幫助他適當地表達心中對他人的一切感受，還能有效地增長更新、更好、更成功的「待人接物」的習慣與態度。

怎麼說呢？家長們可以訓練小鸚鵡的方式，不斷地為寶寶「洗腦」，教會他適時地說：「請……」、「謝謝……」和「對不起……」，兩歲多的幼兒在說這些「客套語」時，多半是「有口無心」，純粹以機械背誦的方式，將他們所受的訓練反彈出來。換句話說，一個會說「對不起」的兩歲幼兒，和另一個不會說「對不起」的兩歲幼兒，他們心中對於那件值得抱歉的事，大概都是同等的無所謂與不在乎。

然而，差別就在於，會說「對不起」的孩子，會因為這句話一說出口之後，他所得到的讚美而感到一股陶然的得意與自滿，在被肯定和被鼓勵的雙重回饋刺激之下，內心不由自主地湧生出真誠的友好與情感，久而久之，在這個正向刺激的良性循環中，寶寶會慢慢地開始「假戲真做」，逐漸在語言之中表露出他內心深處的真摯、善良與美意。

這些在幼兒成長過程之中，如珍珠般逐漸成形、增長、難能可貴的待人接物之美德，有時也會受到親人，尤其是父母們的價值觀與尺度所影響。兩歲多的寶寶是十分機伶，非常懂得察言觀色的，他會像一個標準的「狗腿子」般，對父母所喜悅的人物對象熱情相待，而對父母所厭惡的對象，則表現得冷淡、彆扭、侷促不安。這一點，是有心的家長們不得不時時警覺、自我提醒的重要事項。

總而言之，我們希望寶寶能夠漸漸的學會，如何將他

的情緒以一種尊重他人、體貼他人的方式表達出來，感謝也好，請求也好，抱歉也好，孩子都要能以適當得體及真誠的「禮貌」，來將思想意念翻譯成得體的言語。日後，他更要學會與人共享、先來後到等社會秩序的種種無言規範與默契，以便將正面積極的待人之道，整合成生命中美妙的一部分。

 _____ 提醒您 _____

❖別忘了要隨身攜帶寶寶的三帖「壯膽特效藥」，以備不時之需喔！

❖早早為寶寶準備一件「藝術工作服」！

❖要以身作則培養寶寶得體合宜的「禮貌」！

迴　響

親愛的《教子有方》：

　　我給您們五顆星！

　　外子和我總是在每個月收到《教子有方》時，爭著先讀為快！我本身是老師，並擁有幼教碩士的學位，但是所有的學識與教育，似乎還是沒能幫助我準備好做「母親」這份美妙的差事。

　　我的書架上有一大堆「如何育兒……」之類的書籍與雜誌，卻唯獨《教子有方》能同時提供我正確易讀的內容與我所需要的知識和支持。

　　《教子有方》真是一份五星級的育兒刊物！

曾玳平（美國佛州）

第五個月

新生活運動

　　現在正是一個為寶寶整頓生活，將居家環境理得整齊有序、層次分明的好時機！

　　您的寶寶在過去這幾個月的日子之中，大多數的時間都在忙著取得新的知識，發展新的本領、技能，並將一切新的資料在大腦之中綜合、整理、消化並反芻！其實，寶寶自己早就已經開始，將許多訊息在腦海之中分門別類並各自存檔，整理得井井有條不混亂！

　　當兩歲多的寶寶努力去清理他內在腦海與心靈之中，對於這個世界的瞭解與體驗時，他所最最需要的，就是一個同樣整齊與有次序的外在環境！父母們如能在百忙的生活之中，排除萬難，抽出時間，設身處地以寶寶的立場來為他安排一個有道理、有組織並且有效率的活動空間，不但能使寶寶的學習環境（也就是他的生活居所）變得積極有朝氣，更能藉著無形之中強烈的歸屬性，為寶寶培育重要的自信心與安全感！這種以有形的外在硬體結構，與無形的心靈智慧軟體組合，相輔相成互相輝映的道理，早已被古人以「表裡如一」四字，簡明扼要地表露無遺了。

　　簡單的說，一個人如果生長在雜亂無章、毫無定律的環境中，他的感情思想也很容易變得紊亂無頭緒。

　　而一個井然有序、組織規律、條理分明的環境，則能夠在潛移默化之中，將一份整潔明亮的感覺滲浸人心，牽引著人的思想心靈，使之變得益發積極、有效率和富有朝氣！

　　雖然現實生活中每一個家庭或多或少都有些「辦不到」

的難處，不是每一個家庭的生活方式，都容許家中的每件物品擁有固定的存放與擺設的位置，也不是每一個家庭都可依照一成不變的時間表作息與起居，但是如能在「可能」與「可行」的範圍之內，儘量設法爲孩子提供一些類似於「日出而作，日落而息」的生活規律與常性，以及「餐廳吃飯，臥房睡覺」之類的組織架構，除了可使孩子在一個安定、穩健的環境中，放心大膽地成長與學習之外，更可提升孩子心靈、感情與智慧的成熟發展！

以下我們爲家長們列出在「理想之中」，您可以爲兩歲寶寶的生活環境，做如此的安排：

寶寶的衣物應有固定的收存方式

爲寶寶的衣物安排一個特別的收存之處，最好是寶寶漸漸成長之後，可以自己拿得到的高度！兩歲的寶寶雖然還不能完全學會如何分門別類地收存自己的衣物，但是他在日復一日觀察您的舉動之後，自然會將這種次序默存於心，反覆咀嚼！

爲寶寶的玩具作有次序的安排

寶寶的玩具，就像是大人的工具一般需要組織與整理！想想看，有經驗、有效率的廚師、裁縫、工匠、秘書、電腦工程師、繪圖師、圖書館員……，是否都擁有組織有序的工具？是否都能「得心應手」、「左右逢源」地在需要的時候，立刻將所需要的工具自「唾手可得」的角落取得？根據同樣的道理，現在讓我們一起來瞧瞧寶寶的玩具：

■ 隨著寶寶年齡的增長，有些玩具，寶寶會愈來愈不去玩，那麼這些已被年齡所淘汰的玩具即可以功成身退了！不論您要將這些玩具收藏起來以爲日後的紀念，或是捐獻贈與親友，只要不再讓這些玩具占據寶寶的生活空間或視線，即可完成此項第一階段的整理。

■ 對於寶寶不會經常玩的玩具，如具有季節性（夏日水槍、雨季花傘等）和民俗節慶特質的玩具（元宵燈籠、端午香包等）和體積龐大需要組裝的玩具（露營小帳蓬、電動火車等）都可在寶寶「新鮮感」逐漸減退時先收藏起來。要知道，兩歲多的「好奇寶寶」必然是「喜新厭舊」的，暫時將一部分「特別的玩具」收起來，保留在下一次「特別的日子」再玩，不但可以讓寶寶在日後可以一種「久別重逢」的喜悅與驚喜來面對這些玩具，充分利用玩具的價值，更可爲寶寶騰出眼前許多寶貴的活動空間。親愛的家長們，這種「一舉三得」的玩具收藏方式雖然費事，您是否能抱著「何樂而不爲」的心態，試一試呢？

■ 爲寶寶的玩具建立良好的歸處！利用分層櫃、分隔的架子，或是透明可以搭疊的盒子，爲寶寶將他的玩具分類收藏，拼圖、小汽車、球類、樂器、繪畫、書籍等都應各自歸隊，清楚地規定好放置之處，以便寶寶早日養成物歸原位的好習慣！千萬不可利用一個紙箱或大水桶，將寶寶所有的玩具像堆垃圾一般，全部雜亂無章地倒進其中，這麼一來，不但達不到培養寶寶表裡如一、井然有序的目的，更會讓玩具的價值大打折扣，不符合精打細算、物盡其用的經濟效應。

為寶寶提供規劃清楚的遊玩空間

正如我們成人吃飯喝茶、看電視錄影帶和睡覺休息一樣，這些活動都是各自在不同的房間中進行，寶寶扮家家酒、玩水和閱讀也應在不同的角落進行，這是一個促使寶寶的生活起居及日用玩具物品整齊有效的好方法。

為寶寶安排合理與清晰的時間表

一般說來，寶寶的作息時間表可以先從三餐飲食及休息睡眠的時間開始，再漸漸配合室內、室外的遊玩，以及室內不同角落與類別的玩耍，一個大致有模有樣的生活習慣並不難養成，而一旦建立，將提供寶寶無比的安全感與生活的信心與勇氣！

親愛的家長們，在以上我們所列出兩歲寶寶「新生活運動」守則之中，您是否願意為了孩子心靈與情感的正向培育而身體力行，付諸行動，為寶寶的生活做些合理的調整呢？《教子有方》先預祝您旗開得勝，「新生活」清新可喜，幸福快樂！

馴子馭女術

雖然說在著重「百善孝為先」的中國傳統之中，一向強調的是「天下無不是的父母」，但不可否認的，在教養子女這門重要的課目上，有些父母們可以稱得上是成功的佼佼者，但也有些則是低分過關，做得十分吃力與辛苦！

本文將藉著派克・蘿絲（Rose Couington Packard）女士於《隱形的著力點》（The Hidden Hinge）一書中所闡述精闢與

獨到的見解，與讀者們分享《教子有方》的父母們所共有的特徵與成功的秘訣！

■ 當父母對子女下達指令時，請務必保持客觀的語氣與立場，儘量避免牽涉到人與人之間的關係與交情！例如，「所有的書看完都要放回書架！」而不是：「我要你看完了書，把你的書全部放回書架上」，更不是「媽媽說的話，不可以忘記！」

■ 儘可能地積極與樂觀，避免消極與悲觀！例如，「寶寶快來騎這一輛三輪車，高矮大小正好適合你！」而不要說：「不行，不行，寶寶您還不能騎兩輪腳踏車，太高了，您騎不上去；只有兩個輪子太危險，你會跌倒！」

■ 將每一件事的前因後果分析給寶寶聽，而不是單單採取權威式的命令！例如，「地上的玩具快撿起來，等一會兒客人們來了不小心踩壞了就不能玩囉！」而不是：「聽媽媽的話，把玩具全部收好！」

■ 為寶寶面臨的難關或處境提供解決之道，而不是一味地禁止！例如，「寶寶，請你坐在旁邊的小椅子上，才不會擋住奶奶看電視。」而不是：「寶寶讓開，不要站在電視機前面！」

■ 對寶寶說話時，請說得清清楚楚，明明白白，千萬要避免含混不清、模稜兩可的言語與態度！例如，「用兩隻手一起端起小杯子喝水，這樣水才不會灑在桌上和身上。」而不是：「喝水小心，不可以弄髒桌子和衣服！」

- 儘量在可行的時候，以行動配合言語，切忌偷懶，不要「光說不練」！例如，「拿剪刀的時候（停住不語，將剪刀拿起給寶寶看），剪刀要朝下握在手掌心中（停住不語，將剪刀口握入自己手中）。」而不只是：「拿剪刀要小心！」

- 帶領寶寶面對和學習事情的結局，減少無謂的「鐵口直斷」！例如，「寶寶把錄音帶抽出來，現在放不回去，不能聽『火車快飛』了。」而不是：「你看吧，我告訴你錄音帶不可以亂拉，現在真的壞了，不能聽了吧！誰叫你剛才不聽我說的話！」

- 在特殊情形之下，你可刻意提高父母與寶寶的「位格」以帶給寶寶無從迴避的使命感！例如，「媽媽絕對不准許寶寶用筷子戳哥哥。」

- 首先肯定、確認與分享寶寶的情緒，然後再約束與修正他的不良行為！一些常見的例子如：

  「我知道你很生氣小強搶走了你的玩具，但是再生氣，你也不可以用腳踢人！」而不是：「寶寶，你怎麼可以踢小強？他是我們的客人！」

  「媽媽知道你怕疼，但是傷口一定要清洗乾淨，擦了藥，包紮好了才不會發炎！」而不是：「寶寶又不是膽小鬼，一點點破皮洗一下就不疼了，為什麼要哭得這麼大聲？」

  「我知道你穿著厚厚的大衣和戴帽子很不舒服，但是外面很冷，保暖的衣帽要穿夠，才不會著涼生病！」而不是：「天氣冷，每個人都要穿外套、戴帽子，寶寶也一樣，要多穿一點！不可以囉嗦！」

■ 對寶寶的禮貌和對其他的成人一般，要簡單明確並且慎重無瑕疵！例如，「早安，寶寶！」（蹲下身來平視寶寶的雙眼，眞誠地伸出手來和寶寶握握手！）而不是：「寶寶，有沒有說『媽媽早』啊？要不要伸出手來和我握握手啊？」

「王阿姨謝謝妳，記得寶寶的生日，還送了一個禮物來哦！」而不是：「寶寶收了生日禮物，還不快點向王阿姨說謝謝！」

親愛的家長們，當您一口氣讀完以上我們所摘選出的十項重點之後，不妨將您平日對寶寶說話和他溝通時的語氣，做一個徹底且仔細的比對！我們預期能完全符合以上範例的家長，應是少數中的少數，因爲爲人父母不是一件容易的事，要能夠達到「模範父親」或「模範母親」的地步，絕對需要付出無盡的心力，隨時的自我鞭策與不斷的自我要求！

然而，這一切的努力終究是值得的，不但能培養寶寶難能可貴的美好人格與性情，更能提升親子之間美妙的互動關係，使教養子女的這份天職，變得愉快和諧，令人樂在其中而無法自拔！

最後，《教子有方》建議有心的家長們，在朝著以上所列的重點努力執行時，請抱著「有備而來」、「一針見血」、「公平合理」及「言而有信」四項原則，來自我修練這門重要的「馴子馭女術」！

有備而來

「有備而來」指的是隨時隨處以寶寶的立場「進入狀

況」，未雨綢繆地預測可能會出現的衝突與危機，以預防重於治療的方式，巧妙地化解橫阻在寶寶眼前的難關！

舉一個十分常見的例子，如果根據過去的經驗和您對寶寶的瞭解，您「預期」寶寶在散步經過某家玩具店時必然會吵著要進去，進去之後可能會興奮地觀賞貨架上的玩具，更有可能因為您拒絕為寶寶買下他中意的玩具，而在店內哭鬧不休不肯離去……。一位「有備而來」的家長在遇到類似的情形時，應該可以在出門散步之前即計畫好避開玩具店的路線，或是在必須經過玩具店之前，先和寶寶理智地約法三章，說好什麼樣的行為是可以被接受的（例如「幾元以內的玩具可以買一件」），如此一來，大人、小孩心中的壓力都會減輕許多，孩子會乖巧許多，父母也會詳和許多，這就是「有備而來」的好處。

一針見血

「一針見血」是指家長們要能夠清楚地指出寶寶的不良行為，幫助寶寶正確地自我修正。

當寶寶吃冰淇淋不小心掉到地毯上，自己也嚇得不知所措、開始大哭的時候，家長們迅速一連串的責備：「你看，吃冰淇淋最容易掉在地毯上弄得又髒又黏，寶寶怎麼這麼不小心？」，「哭什麼哭，還不快點找一塊抹布來擦乾淨！」往往會使寶寶更加害怕，情緒更加錯亂，而哭得更大聲，也許還會倒出更多的冰淇淋在地毯上。寶寶是不應該吃冰淇淋呢？還是應該在吃冰淇淋時小心一點？是不應該哭？還是該擦地？如果父母能夠不拖泥帶水地告訴寶寶：「下一次吃冰淇淋要小心一點，不可以掉在地毯上！」那麼寶寶才會記取

教訓，修正吃冰淇淋的行為，使得同樣的事件不再經常的發生。

公平合理

「公平與合理」指的是賞罰分明，並且不做過分的要求。請不要先容許兩歲的寶寶自己從冰箱中取出牛奶罐子，將牛奶倒進小杯子裡，接著再因為寶寶將牛奶潑濕在桌上而責罰他！更不要以獎品來鼓勵兩歲的寶寶自己剝開橘子吃！這些對於兩歲的寶寶而言，仍然是十分吃力的工作，請不要過分要求他達到完美的標準。反之，對於寶寶已能做好的事，例如收拾拼圖、上下樓梯不蹦跳等，則可以大方地以親吻言語或為寶寶讀一本故事書的方式，來獎勵寶寶的好表現，也可以藉著求寶寶重新收拾、重新上下樓梯的方式，即時地糾正寶寶的不良行為。

言而有信

「言而有信」是指家長們千萬不可因為自己本身「雨悲晴喜」的心情轉變而朝令夕改，使得寶寶學會先觀察父母的心情，再評斷自己的表現。父母心情不好時，以孩子為出氣桶，使得寶寶動輒得咎，當然是不應該發生的情形；而父母心情極佳時，對於孩子有求必應、予取予求，更不是一種理想的親子關係！

親愛的家長們，藉著本文中理論與實例穿插所為您陳述的「馴子馭女術」，雖然和您目前所習慣的方式有些出入，但是相信您漸漸的會發現，以上的建議，將會信實可靠、歷久彌新地幫助您在為人父母的技巧上更上一層樓，成為真正

成功的好爸爸、好媽媽！

前車之鑑

我們在上文「馴子馭女術」之中，討論了許多優良與成功的典範，但是在現實生活之中，幾乎只要是有孩子有父母同在的場合，就會上演許多「劇情雷同」的「不恰當的管教方式」！這種情形屢見不鮮，原因有許多，但不在本文討論的範圍之內。本文的用意在幫助家長們藉著看清楚其他父母的「錯誤示範」，而能夠開始努力地自我改變教導子女的方式，避免一不留心即重蹈覆轍，展開一場親子之間辛苦且惡性循環的戰爭。

前車之鑑一：有口無心的碎碎唸

想想看，在我們忙碌的生活中是否經常會有一心多用，腦子裡想著其他的事，嘴上卻不停地叨唸著寶寶？當您心中掛念著次日一早的重要會議，雙手忙著收拾餐桌上的碗盤，口中卻不停地催促寶寶：「動作快一點，動作快一點，今晚我們都要早點休息！」寶寶一定無法明白，他是該快點喝完牛奶？還是該快點收拾好玩具？還是該快點去洗澡？當寶寶失去指令的方向，而父母仍然絮絮叨叨地「自言自語」時，孩子會選擇暫時忽略父母的指揮，繼續做他自己的事，直到他接收到比較清楚的通知（例如，「寶寶快點，自己脫了衣服到浴室，等媽媽幫你洗澡！」）為止。

再舉一個常見的例子，就是當父母一邊和人聊天、一邊看著寶寶的一舉一動時，突然之間，家長說了一句：「寶

寶，不可以！」寶寶會停下來困惑地張望一番，等待家長更明確的指示：「什麼不可以？」是不可以沿著餐桌爬到酒櫃上呢？還是不可以打開玻璃櫃門？或是不可以觸摸酒櫃中所陳設的水晶燭臺？如果此時家長繼續和他人談話，而僅以「不可以」來警告寶寶危險即將發生，那麼寶寶仍然會選擇忽視這個含混不清的警告，繼續他的探險！

前車之鑑二：毫無預警地尖聲大叫

當父母們突然之間大喊：「寶寶，危險！」時，寶寶可能會先被這突來的聲響嚇一大跳，然後因為弄不明白危險何在，而繼續他的活動。您是否也曾經有過類似的經驗，當寶寶的小手快要伸進轉動中的風扇時，您是尖叫一聲「寶寶！」還是快步向前，捉住寶寶的小手告訴他：「電扇危險，不可以摸！」

前車之鑑三：氣急敗壞地處罰寶寶

是否曾見過又急又氣的家長抱著剛從溜滑梯上摔下來，嚇得正在大哭的孩子，沒有輕柔的安慰，反而惡聲惡氣地責備孩子：「怎麼這麼不小心？真是笨！」其實，家長此時心中可能是既心疼又焦急，然而所表現出來的態度，卻會令孩子困擾地覺得自己愚笨又可惡。寶寶不會因為您的責罵，而記取痛苦的經驗，變得更聰明、更謹慎，反之，孩子會因為父母的反應，而更加傷心、更加難過！

前車之鑑四：過分誇張、過度保護、多餘的解釋

這一類型的父母通常會緊張兮兮地將每一個可能發生

的危險，每一個恐怖的細節，繪形繪影「血淋淋」地仔細描述，在每一個有可能發生意外的時機，為寶寶預設警戒。

青翠的草地不可踩上去，裡面會藏有小動物的糞便、碎玻璃和圖釘；鄰家的狗會撲人、會咬人，還可能帶有傳染病；門縫會夾住手指頭；下雨天可能會打雷；用刀叉吃東西不小心會戳到眼睛……。

對於寶寶而言，他整天都處於「警戒備戰」狀態之中，「不可以爬高，你會跌下來摔斷脖子！」、「玻璃杯我幫你拿，你不小心打破了會割傷手」、「當心，當心……」、「危險……」、「不可以……」。久而久之，寶寶的小小世界中將是步步危機，到處充滿了「警告標誌」。他不能往東，因為東邊有險惡阻擋，他也不能往西，因為西邊有狂風暴雨，他必須躲在一個百分之一百安全的小小角落裡，才能放心大膽地伸展自我，於是，一個膽小悲觀、畏縮不前、消極旁觀的人格，就此漸漸地產生了！

親愛的家長們，以上所列舉的「前車之鑑」，您讀來想必並不陌生，因為這些情形在生活之中比比皆是。因此，如何能自我鞭策，提防不要落入相同的陷阱之中，應是每一位為人父母者所必須努力的重要課題！

扮家家酒

扮家家酒這個遊戲流傳久遠，是古今中外幾乎每個孩子都曾經玩過的遊戲，除了是鍛鍊兒童語言發展最好的方式之外，還有其他許多影響深遠的好處！

好處多多

「假裝」和「模仿」，可以幫助寶寶重建一些他所不瞭解、不明白的場景，讓他能夠藉著一次又一次的演習與臨摹，以自己的方式和腳步，揣度出各種不同的生活意義。扮家家酒也可將原本緊張嚴重的事件，再度從天眞稚氣的角度來「重演」一次，以輕鬆幽默的版本取代記憶中負的意念。寶寶也可以在扮家家酒中「扮演」生活中不同的人物，學會由不同的立場來參與人生的喜怒哀樂！

扮家家酒也是一個幫助幼童紓解負面情緒的好方法！寶寶可以對著一雙絨布狗熊吐舌頭、扮鬼臉，而不遭到父母的譴責，他也可以將布偶娃娃當作出氣筒，將心中的悶氣轉移出去。您不妨仔細想一想，寶寶是否曾經以活靈活現的方式模仿父母，狠狠地「修理」他的玩具「兒子」：「你看，你看，蠟筆塗得滿地都是，快點去收拾乾淨！」

藉著變化萬千、百玩不膩的扮家家酒，寶寶可以鮮活地肯定與確認自己在人生舞臺中的定位，更能學會如何眞正地成爲家庭與社會中的一分子！

爲寶寶準備道具

那麼，家長們該如何來支持與協助寶寶扮家家酒呢？首先，讓我們先爲寶寶準備他所需要的「道具」！衣服（帽子、手套、圍巾），用舊的電話，厚紙箱（可作爲小汽車、櫃枱或小池塘），舊的床單，毛巾和毯子（可以用來搭帳蓬、包裹洋娃娃或作降落傘），以及一套廚房用具（鍋、碗、瓢、盆、各式瓶罐、水壺等），舊的皮包，眼鏡框……

等，只要家長們容許寶寶自由地玩扮家家酒，日常生活中的每一樣物品，經過巧思，都可以成為效果特殊的道具。當然囉，如果家長們能發揮想像力，主動設計一些有趣的道具，來激發孩子扮家家酒的趣味性與多元性，那麼寶寶更是會大受鼓舞地在父母的誘導下，徜徉於有趣美妙的想像世界中！

等過一陣子，寶寶再長大一點，他會開始喜歡「兒童號」的家具了。例如，燙衣板、掃帚、超級市場購物車和商店收銀機等，都會是寶寶「假扮大人」的重要道具。此外，真實的食物，尤其是水果（如橘子、蘋果、香蕉等），也是寶寶「小小超市」中不可缺少的道具與布景。

放手讓他去玩

除了為寶寶提供道具外，家長們在寶寶「有模有樣」地玩扮家家酒時，不論他是正在洗車、正在演講，還是正在大跳霹靂舞，請千萬不可忍俊不住地當面「嘲笑」寶寶的「工作」。父母們能夠一同融入寶寶的家家酒世界之中當然是最好，如果不能參與，也請安靜地為寶寶讓出時間與空間，任由他的心靈在假想的世界之中自由飛翔，恣意奔騰！

要知道，寶寶對於他的「扮家家酒」，是非常認真的呢！

認知和方法

不論是兩歲寶寶的學習還是成人的學習，學習的內容都可區分為兩大類：認知（content）和方法（process）。

認知學習

簡單的說，認知學習就是學知識！點點滴滴的道理與實實在在的技術，都是寶寶重要的學習對象！

太陽下山之後天會黑，皮球掉在地上會彈起來，熱水會冒煙，蜂蜜是甜的……，這些都是不變的道理，寶寶必須一件一件慢慢地學！刷牙是一種技術，將積木疊羅漢地一個一個往上搭是一種技術，用蠟筆畫圖更是一種技術，這些技術寶寶不僅需要學會，更要練習，以達到嫻熟巧妙的地步！

這些道理和技術，將逐漸累積並填滿寶寶腦中的知識寶庫，成為孩子日後無比寶貴的生命財富！

方法學習

方法學習有如應用題一般，就是將認知學習所得基本的知識與道理，運用到實際的生活中，以此來解決各種不同的困難。

與認知學習相比較，方法學習是一種比較複雜、難度比較高的學習。在方法學習之中，孩子除了要學會單一的道理與技巧，更要能夠全然瞭解整個過程的來龍去脈，在融會貫通之後，方能將一套有用的方法，靈活伸展到其他的層面之中。

方法學習是值得父母們多花些心思，幫助寶寶紮下穩固根基的重要課目。在我們為讀者們建議一些增進方法學習，簡單且有效的親子活動之前，讓我們先以一個生活中的實例，來深入地瞭解方法學習的意義。

假設兩歲多的寶寶已經學會如何將大塊的積木，疊羅漢地搭成一個高塔。有一天，寶寶突然發現餐廳的櫥櫃上，放

了一盒他喜歡吃的餅乾，寶寶想吃餅乾，但是餅乾盒放得太高，他小小的個子拿不到。

因此，寶寶推動了一張椅子靠近櫥櫃旁的桌子，他先爬上了椅子，再爬上桌子，最後他爬上了櫃子，拿到了餅乾盒，開心地吃起餅乾！

以上所述，正是一個方法學習的標準模式。寶寶先學會了積木可以一個搭一個疊成高塔的事實，然後他學會了自己搭積木的技巧，由此，他舉一反三地將這個道理改良成藉著組合椅子、櫃子爬高拿餅乾吃，表現得既聰明又能幹（當然囉，這個動作亦是十分危險，不值得鼓勵的），這種學習方法與應用方法的態度，正是我們希望寶寶能夠努力發展與不斷膨脹的重要本領！

有心的家長們該如何幫助寶寶增加與拓展方法學習的機會呢？您不妨先從以下的活動開始。

搭一座積木樓梯

利用方形的積木先搭建一個小型的樓梯模型，第一階是一塊積木，第二階有兩塊積木。接下來請您交給寶寶四或五塊相同的積木，邀請寶寶：「寶寶可不可以幫媽媽把這個樓梯蓋好啊？」

兩歲的寶寶在成功地搭好樓梯之前，必須先弄明白第三階樓梯一定要高於第二階的道理。一開始的時候，寶寶要不是「忘了」把他的那一階樓梯搭得夠高，就是會一口氣用完所有的好積木，而把一階樓梯搭得太高了！

家長們在此時可以溫和地「插嘴」解釋給寶寶聽：「你看，如果小娃娃要上樓梯，樓梯是不是應該有一層、二層和

三層啊？一，二，三，對不對？」

　　兩歲多的寶寶很可能會需要家長們不厭其煩，多次的示範與解說，以及好多天的練習與「消化」，才能成功地搭好他的第三層樓梯！在這段時日之中，家長們不妨帶領寶寶實際體驗與觀察一下「爬樓梯」，許多幼兒會在此時恍然大悟地發現：「原來每一階樓梯的距離是一樣高哪！」

　　接下來，請家長們再和寶寶玩利用積木搭樓梯的遊戲。不同的是，請先搭完三階樓梯，然後再邀請寶寶搭第四階，這一回我們建議家長們在寶寶還無法正確地弄清楚答案之前，先不急著「插手」，給寶寶足夠的時間和機會，讓他能自行以嘗試錯誤的方式來「揣摩」出要領！

　　等以上這個活動已經玩會了、玩熟了和玩膩了之後，家長們便可以帶領寶寶展開以下這項更有意思的活動！

玻璃杯中裝些水

　　將三個類似的（或是相同的）玻璃杯中注入不同份量的清水，先問寶寶：「哪一個杯子裝的水最少啊？」再問：「哪一杯水多一點啊？」最後問：「哪一個杯子中的水最多呢？」

　　如同上述搭建樓梯的活動一般，在寶寶已能準確無誤地指出三杯水的多寡次序以後，請加入裝了更多水的第四個杯子，來延伸這個遊戲的難度和挑戰性！

　　聰明的家長們也可自由變化出更加活潑與有趣的活動，讓寶寶能有更多練習方法學習的機會。只要能先讓寶寶學會某一樣道理，掌握某一項技巧，再讓寶寶有機會將這些認知學習的收穫，應用在一個全新的狀況中，那麼您訓練寶寶方

法學習的目的即算圓滿成功。

　　提醒您一個很重要的關鍵，那就是活動的內容一定是要寶寶認為好玩、想玩和喜歡玩的！此外，請家長也不必過分強調此事，如果您的寶寶似乎對於方法學習始終「不來電」，也無須過分擔心與緊張。每一個孩子在學習的過程之中都需要大量的經驗與練習，因此，當寶寶需要您溫柔與耐性地陪伴他，教導他一次又一次地嘗試再嘗試，努力再努力，學習再學習時，也請不要潑他冷水，更不要責備他或是施加壓力，假以足夠的時日，他必然能學得會，學得好，學得成功！

買玩具的學問

　　什麼樣的玩具才適合兩歲多的幼兒呢？

互動型玩具

　　一大盒子的沙、筒子、鏟子、各種尺寸的容器和勺子，即足以讓寶寶快樂地沉浸其中，享受好幾個小時迷人的沙，同時也添增豐富的學習經驗。

　　小手可以掌握（但又不會太小到會刺傷身體）的大木釘，和有與木釘對應孔洞的厚紙板或寶利龍泡棉板，讓寶寶練習將木釘推過正確的孔洞再拔出來。

　　堅固、尺寸夠大的玩具汽車及卡車（避免過度小型的玩具車），可讓寶寶趴在地板上，行駛好幾百里的路途！可以裝「貨」的貨車，可讓寶寶在行駛途中有「上貨」和「下貨」的機會！

兩歲多一點的寶寶還不太能踩腳踏車和把握住車頭的方向,因此所謂的「武大郎車」(沒有踏板,但是可以讓寶寶坐在車中,像京劇中武大郎用蹲伸步的方式挪動的小車),可以先為寶寶暖暖身,給他一些練習前進、後退、掌控方向盤等的機會。

傳統的小木馬(可以前後搖晃的那一種),亦是讓兩歲多的小小運動員發洩精力的好方法。家長們在確認木馬的平衡與高度皆安全之後,即可放心地讓寶寶盡興地「策馬奔騰」在他的想像世界之中!

為寶寶張羅一套尺寸適合幼兒的小桌子和小椅子,讓他可以自由地作畫、扮家家酒、玩黏土和搭積木,讓寶寶在這個「大人國」的世界中,擁有一個屬於「小人國」的天地。

粗胖的無毒蠟筆,可以讓寶寶不費力地握在小手中,在一張白紙上隨意塗鴉。對於兩歲的幼兒而言,著色簿的啟發作用還沒有白紙來得多。藉著蠟筆和白紙,寶寶可以學習認識顏色,在圖形與線條的變化與形成之中,手眼協調的能力也會更為長進。容許寶寶自由作畫,即使畫得一塌糊塗也沒關係。

簡單、牢固、小型的樂器,雖然會令家人們覺得分貝過高,耳朵的負荷太重,但是寶寶卻會樂在其中,自我陶醉。家長們不妨為寶寶建立一個「樂器箱」,隨著時間逐一購買的喇叭、手鼓、鐵琴、鋼琴等,零零總總各式會「發聲」的樂器都可保存其中,以便寶寶樂癮發作時,可以隨時乘著音符的翅膀,盡情飛翔!

整體說來,以上所列舉的玩具都是幼兒必須採取主動,利用頭腦,付諸行為才可「開動」的「消遣娛樂」,相形之

下，電動火車等比較機械性的玩具，則只能讓寶寶消極被動地觀賞。我們鼓勵家長們多為寶寶準備此類互動型的玩具，讓寶寶在玩得開心的同時，還可增益心智體能的發展與學習！

寶寶的玩具王國

寶寶在自己的玩具世界之中，可以更加瞭解這個他生於斯、長於斯的美妙世界！他會漸漸明白各種顏色、重量、大小、形狀、氣味和感覺之間的異同何在；他會逐漸開始在異中求同，利用一種系統來分門別類。也就是說，寶寶會開始學習整理、掌管並控制屬於他的小小世界。

此外，值得父母們深切考量的一點，就是寶寶在「啟動娛樂」時，因著他所付諸的行動而表現在外的各種成果，在在都會將他的內心世界百分之一百地展露出來！寶寶幼小的心所感受到的喜怒哀樂，稚氣的雙眼所觀察到的萬紫千紅，身體髮膚所觸碰到的軟硬冷暖，都會從互動型的玩耍過程中自然地流露出來。因此，建議家長們在寶寶藉著玩具表達自我的時刻，千萬不要倚老賣老地告訴寶寶什麼樣的方式才算是正確！仔細想想，看圖也好，彈琴打鼓也好，搭積木也好，騎木馬也好，有哪一種玩法是「絕對的」正確？或是「絕對的」錯誤？不如隨侍在側，任寶寶自由發揮，並且提供足夠的身心空間，讓寶寶親手打造屬於他的亮麗人生！

以下我們為家長們簡列了一張「購買玩具座右銘」，供您參考、提醒與備忘！

■ 這件玩具對於一個尚不滿三歲的兒童而言，是否安

全？

▋ 這件玩具是否適合且能配合寶寶身心雙方面的發展？

▋ 這件玩具是否屬於互動型的玩具？

▋ 孩子藉著這件玩具能學到些什麼？

▋ 這件玩具是否好玩？

▋ 寶寶玩得來嗎？

人生行路有膽識

　　身為父母的您，是否曾在夜深人靜時，想像著寶寶在未來漫長的一生之中，所必須要面臨的生老病痛、離合悲歡、人情冷暖及世事沉浮？您是否渴望寶寶能夠膽大心細、毫不畏縮地迎接人生的險阻，披荊斬棘、勇往直前地跨越一切困境，開創成功的人生？您是否也曾捫心自問，該如何才能塑造寶寶外柔內剛的堅毅特質和冷靜卓絕的膽識？

　　親愛的讀者們，別擔心，您已經做得很多，也做得很好了！

　　當家長們因為看出寶寶渴望瞭解這個世界的雄心，而為他安排一個安全的求知環境時，便已幫助了寶寶培養他的自信與勇氣。當您默默注視著玩耍中的寶寶，守護著他的探險歷程時，寶寶已獲得練習獨立的機會。而在獨立的過程中，寶寶會需要獨自面對許多的挑戰，在一次又一次成功地解決了各式各樣小小的問題之後，寶寶會愈來愈有自信，愈來愈有勇氣，並且愈來愈能承受更大更多的困難！

膽小如鼠？

然而，再有膽量、再有自信的幼兒，偶爾也會展露出他膽小、稚氣的一面。畢竟您兩歲的寶寶在人生的路程中所經歷過的風暴與險阻，仍然是十分「淺薄不起眼」的。

對於寶寶突然之間「莫名其妙」所生出的恐懼與害怕，家長們直覺的反應，通常是告訴寶寶：「不要怕，這沒什麼好怕的！」然而，這種安慰與保證，對於已經開始害怕的孩子而言，是幫不上忙，也起不了壯膽作用的。

舉幾個常見的例子來說，許多的幼兒都怕水，雖然他們可能非常喜歡在臉盆、浴缸中玩水，但是當他們初次見識到大量的水（如游泳池、瀑布或池塘）時，多半都會忐忑不安，緊張害怕得不知如何才好。一隻體型龐大、吠聲響亮的大狗，一個未曾經歷過的處境（如人聲鼎沸的喜宴），不常見面的親人突然摟住寶寶親他一下，被微風吹動的窗簾，傍晚時分尚未點燈前昏暗的氣氛，媽媽炒菜下鍋嗶啵的響聲……等，種種在父母親眼中看來「微不足道」，甚至於足以「嗤之以鼻」的「恐怖分子」，在寶寶小小的心眼之中，卻是百分之一百的真實與深刻！

如何能將寶寶從「草木皆兵」的恐懼中解救出來，同時更進一步訓練寶寶的勇氣、膽量與見識，成為無畏無懼的勇者呢？

與寶寶並肩作戰

首先，家長們必須拿出十足的誠意，打心眼底接受、同意並尊重寶寶的不安與惶恐，讓寶寶感受到您真切的關心。藉著自然不矯情、不誇張的詢問：「這是怎麼回事？」、

「會不會咬人啊？」、「怎麼辦呢？你要我怎麼樣才好呢？」讓寶寶知道您願意去瞭解他的害怕，願意支持他、幫助他，和他站在同一條陣線之上一起面對這份挑戰！

請家長們千萬要連根拔除您心中：「我的孩子怎麼可能如此膽小？」和「寶寶要立刻停止害怕」的兩種想法，這兩種想法不僅無濟於事，反而有可能因為處理不當，造成寶寶一輩子都對某一事物不安和害怕的反效果。

給他鼓起勇氣的時間

要知道，寶寶在許多「害怕之前」的關鍵時刻，所需要的只是時間！兩歲的寶寶需要充足的時間去消化和吸收他所面對的「恐怖分子」，才能決定他該用什麼樣的方法與立場來「迎戰」。

容許寶寶靜靜地、長久地「遠觀」小溪中潺潺的流水；不要強迫他和穿著打扮奇特刺眼的嬸婆握手；更不要在寶寶還沒有準備好的時候，硬拉著他騎上遊樂園中的旋轉木馬！

給寶寶時間、時間和更多的時間！任由寶寶慢慢地調整他的心態，恢復他的平衡，保持他的冷靜！

分解「恐怖分子」

然後，家長們可以刻意地製造許多機會，例如，「寶寶要不要和媽媽一樣，拍一下大黃狗的尾巴啊？」、「來，試試看，這輛會閃燈的小汽車還會噴水呢！」、「這個屋子裡住的老先生是媽媽以前的老師，他養了一缸金魚，好漂亮，好可愛，寶寶要不要一起進屋來瞧瞧啊？」讓寶寶能多一層瞭解，並進一步接觸這些看來怕怕的「新」事物。

　　只要給予足夠的時間、耐心、溫柔，並持之以恆地幫助寶寶，他必然能夠克服任何足以阻擋他獨立的恐懼，茁壯成長為冷靜、有膽識的勇敢生命！

提醒您

❖不可偷懶，要勤快地為寶寶整理他的時間和空間喲！
❖要將教育子女的「前車之鑑」銘記於心！
❖鼓勵寶寶玩扮家家酒，並且陪他一起用積木搭樓梯！
❖別忘了，兩歲的寶寶並不膽小，他只是有些不知所措！

迴　響

親愛的《教子有方》：

　　我已忠實地在過去兩年半的時日中閱讀《教子有方》，我非常的喜歡這份刊物，它幫助我度過了許多不知所措的時刻。

　　更重要的是，《教子有方》幫助我明白了父母在成就子女樂觀、負責並富於愛心的人格過程中，所扮演的角色是多麼的舉足輕重！因此，在不知不覺之中，《教子有方》已幫助我成為一位樂觀、負責並富有愛心的好媽媽。

　　謝謝您！

黨馨蘭（美國北卡羅萊納州）

第六個月

小小磨人精

　　不論是研究幼兒發展的學者，還是經常與幼兒直接接觸的幼教工作者都對於兩歲半孩子的「磨人功」，不但不敢小看，更不敢掉以輕心。同意嗎？身為家長的您，是否也曾在近日嚐過被兩歲半的寶寶「氣得火冒三丈」的滋味？然而，當事過境遷，心情平復之後，您是否也曾在近日癡癡地望著寶寶，覺得他真的是造物者的神妙化工，世上再也沒有比寶寶更加可愛的事物，您是心甘情願為寶寶一生一世做牛做馬也絕不悔恨？

　　《教子有方》建議家有兩歲半「小小磨人精」的家長們，在與寶寶相處時，要隨時保持著高度的幽默感，發揮您潛藏多年，連自己也不知道來自何處的龐大耐性與愛心，謹慎戒除主觀的判斷。如有必要，甚至於可以利用大字報來提醒自己，以客觀的立場，來接納寶寶藉著言語和行為所傳達出來的一切訊息。如此，您和寶寶才能「共體時艱」、同舟共濟地度過這一段不但「晴時多雲偶陣雨」，還時時有風暴的非常時期！

　　平心而論，兩歲半的寶寶正處於一個極端明顯的過渡時期，許許多多不講理、不聽話、惹人厭煩、莽撞搗亂和興奮錯亂的舉止，其實都是情有可原、不難理解且令人不忍苛責的。

心意舉棋不定

最明顯的一點，是寶寶在近來突然之間懂得了人生是有

許多選擇，萬事萬物都有正反兩面的道理。然而，在寶寶尚未能掌握住其中的真意且還不能靈活運用之前，他會需要大量的練習機會。他要不斷地犯錯，迅速地累積經驗，然後才能逐漸達到「從心所欲，不踰矩」的境界！

　　如果近來您也觀察到寶寶善變和愛走極端的傾向，那麼您可以很安心地確認，寶寶大概已懂得了來／去、上／下、高／低、拿／給、跑／停、推／拉、攻擊／收兵、放鬆／收緊……等的生活意義，而他所欠缺的，只是獨立自主作出成功且正確決定的能力。

　　兩歲半的寶寶，可以說是沒有絲毫「過去的」經驗與心得，也因此，他無法在必須作決定時拿定主意，他可能會猶豫不決，試試這樣，想想那樣，他也會經常在作了決定之後，又立刻改變主意，他甚至於還會反反覆覆，舉棋不定，弄得自己不知如何是好，更讓一旁的家人也非常抓狂！

　　親愛的家長們，當您心愛的寶寶，也因遇上類似的瓶頸而「卡住」的時候，請記得提醒自己，寶寶不是愚昧，不是頑固，不是大腦有毛病，更不是在故意找您的麻煩，他只是需要時間和練習，才能作好這門他仍在學習之中，選擇與下決定的功課。

肢體收放不自如

　　在寶寶四肢體能方面的發展，家長們應該也不難觀察到，寶寶近來經常會表現出過度極端的傾向。舉例來說，當寶寶試著擠牙膏的時候，他要不是不敢下手，半天擠不出來，就是突然之間猛力壓擠了一大堆出來，他無法神閒氣定、不慍不火、從容適當地擠出份量恰當不多也不少的牙

膏！

　　再從另一個角度來看，當寶寶利用方形積木疊羅漢的時候，他也許會小心翼翼地，將一塊積木成功地放在另外一塊積木的上面，但是他也可能會毫無預警地在下一秒鐘就放開小手，「粗手粗腳」地將第三塊積木以空投的方式，「轟」倒已搭好一半的積木塔！請家長們千萬別在此時責罵寶寶，或主觀地認定寶寶是個具有「暴力」傾向的小霸王。只要您能即時想起寶寶的這種表現，其實只不過是他尚且無法自由收放肌肉的一種自然結果，那麼您對於寶寶的魯莽行為，將很容易地就以輕鬆幽默的心態莞爾視之，不再追究。要知道，寶寶仍然需要大量的練習和一段時日的成長與發育，才能達到「中庸處世」的境界！

　　總體而言，兩歲半的寶寶不論是體能或是心智的發展，都正經歷著在各式各樣兩種極端之間找尋平衡點的強烈衝擊！在這個相當「痛苦」的過程之中，寶寶唯一的學習方式，就是兩種極端都必須親自嘗試，才能為下一次的抉擇奠定一些基礎。

情感強烈兩極化

　　兩歲的寶寶也還無法主動地放鬆精神，解開緊繃的情緒，因此，每晚哄寶寶上床睡覺，都必須家長們用盡心思，連哄帶騙，甚至威逼利誘，才能使寶寶安靜地躺在床上。而許多兩歲多的寶寶此時即使已十分疲倦，仍會意猶未盡地自言自語、說說唱唱，直到實在支撐不住渾然入睡為止。

　　以下所列舉的情形也是許多兩歲半的寶寶的心情寫照：

■ 從前一刻鐘開心瘋狂得高聲喊叫，到五分鐘之後，判
　若兩人安靜地發呆和吃手。

■ 從極度的熱情友善，到突然之間害羞得不得了。

■ 從拚命吵著非要買一樣玩具，到買了之後卻視若無睹
　不再注意這樣玩具。

■ 從堅決不肯吃某一樣食物，到吃了以後「上了癮」，
　不斷地還要再吃。

■ 從高聲尖叫到輕聲細語。

■ 從什麼事都要「我自己做」，到什麼事都要媽媽做。

拿定主意不容易

　　生命本身其實正是由許許多多不同的「抉擇」所串連而
成，在我們的生活之中，作「選擇題」的能力往往決定一個
人「活著」的方式。

　　想想看，我們每天早晨從睜開雙眼的那一刹那起，是否
從髮型、服裝、早餐、電視臺的選擇開始，就是在作一連串
的決定？成長中的寶寶，正踏出他學習面對人生挑戰的第一
步，他知道二選一或多選一的必然性與重要性，因此，在他
尚未完全確定如何正確地選擇之前，他必須將每一種可能都
體驗過之後，才能「放心大膽」地下決心。慢慢的，寶寶會
琢磨出一套屬於他自己的生命方式，而在作出理智的決定與
選擇之前，不再需要親身經歷每一種極端與可能！

　　上述這些類似於所謂的「叛逆」青春期的種種特徵，並
不是在每一個兩歲半的孩子身上都十分的明顯與容易預測。
一般而言，症狀比較明顯的多半是非常活潑和好動型的孩
子，相形之下，在比較安寧文靜的幼兒身上，這些特色也相

對的比較不突顯。

家長們在面對家中小小「磨人精」的時候，最聰明的方法是「順著毛摸」，想辦法「改善」與「管理」不佳的情勢，千萬不要試著以高壓強迫的嚴厲手段逼使寶寶就範，大多數的時候，兩歲半寶寶的心境一旦「弄擰」了，開始發脾氣了，那麼家長們將更加難以收拾殘局。最好的方式，是以瞭解的心情和認同的立場，來設下一個「愛的圈套」，讓寶寶心甘情願地自動就範。

因此，《教子有方》鄭重地建議讀者們，要愛您的兩歲半寶寶，瞭解他，並幫助他成功地從目前這一個複雜的發展階段中，蛻變成為一個更新、更成熟、更懂事、更獨立的幼兒，而不再是小小的「磨人精」！

學音樂的孩子不會變壞

音樂，一種包含了一定規律並且和諧悅耳、扣人心弦的聲音，除了好聽，有趣，能滋潤情緒之外，還具備了多重的教育意義！

近來已有研究報告指出，母親在懷孕的過程中多聽音樂，尤其是音樂神童莫札特的音樂，可以藉著「胎教」，促進胎兒出生之後腦力與智慧的發展。成長中的幼兒不論是純聽音樂，跟著旋律哼哼唱唱，或是隨著樂聲翩然起舞，以及拍手擊踵彈指吹口哨加入樂聲之中，除了純然的喜樂與舒暢之外，還兼具有以下所列的多重教育意味。

增添語言字彙

大多數兒歌和童謠的歌詞都是淺顯易學，不斷地重複，組合上也包含各式疊句，使寶寶在聽和唱的時候，能夠藉著不斷的練習，而很快地學會新的詞彙。

例如，「魚兒魚兒水中游，游來游去樂悠悠！」、「頭、肩膀、膝腳趾，膝腳趾，膝腳趾……」等的歌曲結構，很容易帶領寶寶朗朗上口，並在反覆同一詞句的過程中，加深寶寶對於新字、新詞的瞭解與印象！

時間觀念

當寶寶隨著樂聲自然地擺動雙臂，搖晃身體或踩踏著自創的舞步時，許多重要的時間觀念，也正隨著每一個音符的長短和各種不同的休止符，悄悄地滲入了寶寶的理智之中。簡單的說，寶寶會強烈地感受到「先來後到、前後有序及間隔」的氣氛以及實際的意義！而這個重要的時間概念，對於語言的瞭解和運用，甚至對於日後文字的閱讀，都是絕對不可或缺的基本要素。

想想看，當我們說話的時候，不同的抑揚頓挫，不同尾音的長短，是否會製造出截然不同的語氣，同時也代表著不同的意義？中文之中最有名的例子就是「下雨天，留客天，天留我不？留！」（「下雨天，留客天，天留，我不留！」），日常生活中也常有：「吃飯了，媽！」（「吃飯了嗎？」）等類似的情形發生。

樂曲旋律之中的強弱快慢，正可訓練並培養寶寶聽覺上的靈敏度，幫助他更深一層地體驗與掌握語言文字的深度美妙！

數數兒

兩歲半的寶寶學數數兒仍然是採用最原始的洗腦式死背方法，因此，當他學著唱「一角，二角，三角形；四角，五角，六角半，七角，八角，手扠腰，九角，十角，打電話……」這首童謠的時候，就會自然而然地學會「一、二、三、四、五、六……」的順序，而能很快地學會數數兒。

自我控制

當寶寶隨著歌詞做動作時，首先必須要能夠專心，先仔細地聽，然後練習以快速且正確的反應來做好標準的動作。例如，當唱起「小朋友，我們行個禮（鞠躬），握握手（握手）來猜拳（伸出小拳頭），剪刀（自拳頭中伸出食指和中指）？石頭（握回拳頭）？還是布（張開手掌）？輸了（垂下頭）就要跟我走（用大拇指指自己）！」這首歌時，寶寶要能夠手腦和肢體靈活並用，控制自如，才能跟得上歌曲的節奏速度，成功地完成整首歌曲的演出。

 # 造就一個愛好音樂的生命

親愛的讀者們，可曾想像過在一個沒有電視、沒有電話、沒有電腦的生活之中，該如何打發與排遣多出來的時間？該選擇什麼樣的娛樂呢？您可能會想到找人聊天、逛街、吃東西、下圍棋、工藝、刺繡等各種不同的答案，但是《教子有方》建議您，並大力鼓勵您，將音樂變成您和您家人的中心娛樂，一起唱唱歌、聽聽音樂或是演奏樂器，必能為您帶來許多意想不到的快樂時光！以音樂為家庭餘興節目

的主軸，對於成長中的幼兒而言，不但能提供寶貴的學習經驗（詳見上文「學音樂的孩子不會變壞」），更能培養他一生愛樂的興趣，締造一個樂聲時時相隨的人生境界！

找一個寶寶必須待在家中不能出門的日子（如下雨天、感冒或是爸爸媽媽不想出門的日子），在寶寶自動自發地玩過了所有的玩具，膩了、煩了、悶了，不知該如何自我消遣的時候，正是家長們為寶寶開啟心門，將音樂灌注到他小小心靈之中的絕佳良機！

大多數兩、三歲的幼兒都喜歡聽音樂，尤其是聽一些節奏分明、輕快生動、他可以朗朗相隨並依歌詞的指令做出動作的樂曲。

兩歲半的寶寶在有人帶領聽錄音帶或CD時，必定是開心和愉快的，有的時候他可能還會高興得要求將同一首歌曲連續反覆的播放，上癮似地無法停止。

如果家長們可以簡單地用鋼琴、吉他、口琴、鈴鼓、三角鐵等彈奏一些音樂，您的現場演出必然能博得寶寶衷心的欽羨與讚美，而成為他最喜歡的一項餘興活動。

以下是我們為讀者所設計的一些想法，幫助您將音樂生活化和「寶寶化」，增加音樂平易近人的親和力，成功地培養寶寶對音樂的喜愛與興趣。

老歌新唱

利用一些耳熟能詳的旋律，配合當時的情景，自由加上寶寶所能領會的歌詞。例如：

兩隻小腳，兩隻小腳，跑得快，跑得快！

（兩隻老虎，兩隻老虎，跑得快，跑得快！）

左腳穿了拖鞋，右腳沒有拖鞋，真奇怪，真奇怪！

（一隻沒有眼睛，一隻沒有耳朵，真奇怪，真奇怪！）

今天天氣真好，今天天氣真好，今天天氣真好

（祝你生日快樂，祝你生日快樂，祝你生日快樂）

我們要去郊遊！

（祝你生日快樂）

數數歌！

（寶寶唱）一隻蛤蟆一張嘴

（媽媽唱）兩隻眼睛四條腿

（一起唱）霹靂叭喇跳下水，蛤蟆不吃水，太平年，蛤蟆不吃水……

以此類推，不斷重複！

唱做童謠

讓寶寶可以有邊唱邊演的機會！例如：

你很高興你就拍拍手（寶寶拍手）

你很高興你就點點頭（寶寶點頭）

你很高興你就扭扭腰（寶寶扭腰）

你很高興你就轉個圈（寶寶原地自轉）

簡易「童玩」樂器

■ 鐃鈸：兩個鍋蓋即可。

■ 沙鼓：將紅豆、綠豆或米粒裝入照像底片的空盒中，蓋緊蓋子即可。

■ 定音鼓：木製的大湯匙配上空的鐵皮餅乾筒。

■ 笛子：利用紙巾中軸長條形的紙筒，順著紙筒從上往下在差不多相等間隔距離的地方打上五個小洞，接下來，請將紙筒一端的開口用蠟紙或玻璃紙封住。這麼一來，當寶寶對著紙筒（笛子）開口的一端說話或是發出聲音的時候，將可以清楚地感受到音量變大的「擴音」效果！如果家長們再教會寶寶在發聲時，用小手按住五個開洞之中的某幾個洞口，那麼寶寶會發現自己的聲音不但會變調，還會隨著手指與洞口位置的調整，發出不同的音階！

■ 響葫蘆：利用一個酒瓶形狀的塑膠容器（如洗淨的清潔劑噴壺）裝一些細砂或粗鹽，封緊瓶口，倒轉過來，即可讓寶寶的小手握住瓶頸，自由地搖響葫蘆，演奏一曲拉丁風味的自編舞曲。

■ 鼓：利用一個空的餅乾筒或油漆筒，仔細除去筒蓋和筒底，磨平所有尖銳的角落。再找一塊塑膠布或油布（如舊的桌巾），剪下兩塊可以包住餅乾筒開口，且邊緣可多出大約五公分的圓形，沿著邊緣間隔適當的距離打出大約六至八個洞。最後，找一條牢固的繩子（鞋帶、童軍繩都可以），將兩塊圓形的塑膠布沿著餅乾筒側面，像繫鞋帶一般緊繃固定在餅乾筒上下兩面，一個精心製作的小鼓即算完成！至於鼓棒，只要不是尖銳容易戳傷眼睛的物體都可以（例如粗胖的簽字筆）。

■ 口琴：將一隻梳子排齒的一面用一張紙套住。教寶寶
　輕輕地對著梳齒沒有紙的一面吹氣，他應該會聽到真
　實的「風箱聲」！

■ 吉他：利用一個空皮鞋盒，除去盒蓋，將八至十條不
　同大小的彩色橡皮筋橫跨繃在鞋盒上，就是一個簡單
　的吉他或古箏。寶寶可以用手，或是一隻小湯匙輕輕
　撥動琴弦，陶醉在自己所創的美妙音韻之中！

　　以上所介紹的這些自製的樂器，雖然外形看來克難不起
眼，但是經濟實惠，具有強烈的環保意識，更重要的是，家
長們自挽起衣袖，領著寶寶從蒐集材料，到逐步製作，最後
一起演奏彈唱，徜徉在音符所組成的美妙天地之中，這整個
過程斷斷續續帶給寶寶最重要的訊息，就是生活之中處處有
音樂，而音樂亦是生活中無法去除的一部分。風吹草動，蟲
鳴鳥叫，潺潺流水，滴雨點露，在在都是音樂，都是弦律，
都是美妙的樂章！久而久之，音樂自然而然會成為寶寶生命
的一部分，一個愛好音樂的人生，也就因而成功地造就了。

您有為寶寶穿衣服的困難嗎？

　　別急，也別怕，和您擁有同樣難題的家長們大有人在！

　　半大不小的寶寶，目前正處於時而想要爭取獨立，時
而又完全依賴的矛盾與爭戰之中，因此，當有人試著想「幫
忙」寶寶穿衣服的時候，一定會被他時而快手快腳添增麻
煩，時而像機器人般推一下動一下，拒絕合作的態度，整得
狼狽不堪！

　　最常發生的情形是，趕著要出門赴約或上班的急驚風父母，和慢郎中般拖拖拉拉、扭扭捏捏的寶寶，在僵持了幾分鐘之後，急驚風就會急得火冒三丈、暴跳如雷，而慢郎中也會被逼得大發雷霆、頑強抵抗，最後的下場是兩敗俱傷。想來讀者們對於這種情形必然多少有些親身的經驗與領會，本文在此應可不必再多作描述。

　　此外，對於兩歲半的寶寶而言，當家長為他穿衣服剛穿了一半時，他立刻調頭轉身跑開，讓大人來追他，抓住他，繼續穿衣服，再找空檔拔腿就跑……，是個再有趣不過的遊戲，不論父母是否生氣得快要冒煙了，他仍然會開心地逗著您和他繼續玩下去！

　　最「精彩」的一種情形是，當寶寶堅決不肯穿衣，而大人卻必須為他穿衣的時候，父母會採用「蠻力」為寶寶穿衣，而寶寶則會大發脾氣，尖叫哭喊，拚命地亂推亂踢和揮舞四肢，扭動身體！不明究裡的人，很可能會誤以為所上演的是一場應該儘速報警的家庭暴力，或是虐待兒童事件。

　　親愛的家長們，當您的寶寶不與您合作穿衣服的時候，您該怎麼辦呢？《教子有方》的建議是，唯有「智取」才能事半功倍地完成您「不可能的任務」！

　　不妨設個圈套，讓寶寶「自投羅網」，主動地先要求有人為他穿衣服。例如，「我們來和爸爸比賽，誰先穿好衣服站在門口，誰就可以去公園盪秋千！」此時寶寶必定會自動上鉤，迅速且合作地讓您為他穿好衣服，然後衝到門口去站好。

　　此外，試著讓寶寶立定站住不動，也能在無形之中提高寶寶的配合意願。如果您要為寶寶穿襪子，不妨先請寶寶

坐在一張椅子上坐好，然後問寶寶：「我們來看看寶寶會不會拍拍頭，拉拉耳朵，眨眨眼睛……啊？」您邊口述下達指令，寶寶邊做動作，那麼您即可把握機會為寶寶穿襪子。同樣的，如果要為寶寶穿一件需要扣釦子的襯衫，您也可以帶著寶寶說：「來，我們來學單腳站，試試看，寶寶會不會左腳站，右腳懸空啊？媽媽來數一數看寶寶左腳單腳站立可以維持多久啊？一秒，二秒，三秒……」相信這麼一來，寶寶必然會「老老實實」地自動單腳站好，讓您為他穿好上衣。

　　如此一來，兩歲的寶寶將不會讓您追著穿衣服，更不會使性子不合作！親愛的家長們，《教子有方》鼓勵您也祝福您在與寶寶「鬥智」的過程中，發揮慧心巧思，不動聲色，不露痕跡，就能將野馬一般難以駕馭的寶寶，治理得「服服貼貼」的！

猜猜毛巾下面是什麼？

　　這是一個能夠訓練寶寶靈敏觸覺的遊戲！

　　用一條大毛巾蓋住三個形狀完全不相同的玩具（如一個小皮球、一塊方形的積木和一個小娃娃），再找一個形狀和其中之一十分相像的玩具（如一個乒乓球），然後告訴寶寶：「在這條毛巾下面有一個很像媽媽手中的玩具，寶寶來，把手伸進毛巾下面摸摸看，三件玩具每一樣都摸摸看，能不能找到那個和媽媽手上玩具很像的那一個呢？」、「寶寶只可以用手摸，不可以偷看喔！」如果寶寶成功地選到了正確的玩具（小皮球），請立即熱烈地「肯定」他的成功，一顆糖果也好，一個熱烈的擁抱也好，重要的是，寶寶要能

感受到這份「答對了！」的喜悅。

如果寶寶一時之間還無法作出正確的決定，或是隨意選了一個錯誤的玩具，家長們也不必太在意，此時您可以掀開毛巾，讓寶寶先以雙眼仔細地檢視三樣玩具，再從容正確地作答。接下來，您可以再把毛巾蓋上玩具，並將三個玩具重新排列組合，然後寶寶的小手便可以伸進毛巾中，「摸索」他的正確答案。

這個既好玩也簡單的遊戲，實際上包含了許多深刻的意義！

最最重要的一點，就是這個遊戲能讓寶寶放慢腳步，定下心來，專心地思考！較之於讓寶寶清清楚楚地「瞄一眼」就看出答案來，當寶寶伸手在毛巾下「摸」答案時，必定要多花一些時間，才能慢慢地弄明白正確答案為何。

也許家長們會問，在這個分秒必爭，寸金難買寸光陰的世代裡，為什麼還要刻意讓寶寶的思路慢下來呢？道理其實很簡單。

所謂的「事緩則圓」，指的即是當事情的進展留有足以為「緩衝」的空間與時間時，結果自然比較容易圓滿成就！人生也是如此，許多重要的決定、結論和方向，都不是憑著瞬間的意念和直覺所能成就的，即使在這個事事講究效率的時代中，足夠的思考，仍是腳踏實地，不憑僥倖而能成功的必須要素！

因此，以上這個有趣的活動，正可幫助寶寶懂得光憑一件事情的表面（寶寶瞄一眼毛巾所蓋住的三件玩具），迅速地得到的心得和結論，很有可能是不正確的。唯有藉著對於事實真切的瞭解（親手觸摸毛巾下的玩具），仔細地思索之

後，方能做出正確的決定！此外，這個遊戲還可以訓練寶寶觸覺與視覺之間的協調與整合，對於寶寶日後的求學過程，將會是莫大的助益。

親愛的家長們，您是否已準備好來和寶寶玩這個「摸摸看」的遊戲？建議您一開始的時候先讓寶寶摸一些他十分熟悉，很容易「摸清楚」的玩具或家中常見物品，然後再依據寶寶的進展，隨機應變地更換毛巾下的物體，加深遊戲的難度。等寶寶漸漸「摸」出一些心得之後，您還可以增加一些變化，將一樣寶寶不知其名的物體放在毛巾下，另外讓寶寶看得到兩、三樣物體，其中包括了和毛巾之下那一件相同的物體。請寶寶觸摸毛巾所覆蓋之物後，再從看得到的幾樣物體中，指出正確的答案。

最難的一種玩法，就是在毛巾之下放一件物體，讓寶寶憑著觸覺，直接說出這件物體的名稱！這種玩法較適於箇中「高手」，對於還沒有準備好的幼兒而言，這種方式可能會相當「無聊」，引不起他們的興趣。所以，建議家長們帶領孩子先從最開始的三件玩具開始玩起！

是我先拿到的！

兩歲半的寶寶是會用言語來表達他自己的，漸漸的，他會利用語言來爭取屬於他的權利和事物！

當家長們聽到自己的寶寶對另外一個孩子說：「這是我先拿到的！」的時候，應該會清楚明白地聽出寶寶語氣之中「挑釁」的火藥味，他的意思就是「這個玩具是我先拿到的，你不可以玩，否則我會立刻開始放聲大哭！」

可想而知，當寶寶開始對另外一個孩子「宣戰」，或是已經「開戰」時，大多數的家長們並不真正的知道應該如何是好！父母們的心情之中混和了心疼、生氣、焦急和緊張等各式各樣不同的情緒，而處理的方式，從對寶寶完全的放任毫不約束到嚴厲苛責，全憑當時臨場的心境來決定。

親戚朋友們的意見，過來人的現身說法，世代承傳的家教原則，書店中滿坑滿谷、琳琅滿目的幼教叢書，不同學派的專家建議，著實足以令家長們愈加的困惑而不知所措！

化解衝突三部曲

親愛的讀者，如果您目前也身處於這種與寶寶同時「身陷沼澤」的困境，您該如何才能帶領寶寶迅速「脫險」呢？

《教子有方》為您規劃了以下所列，解決寶寶與你發生爭執衝突的三部曲，作為每一位為人父母者引導寶寶面對人生不可避免之磨擦的藍圖！

> ■ 對於正常幼兒身心發展具有正確與充分的瞭解，這一點也正是《教子有方》一貫的自我期許與宗旨，我們的目的，就是為家長們提供有關於寶寶一切身體與心智成熟發展的正確知識！想必讀者們早已由本書過去數個月的內容之中，瞭解衝突與爭執是寶寶成長過程中一個正常的部分！
> 兩歲半的幼兒，剛剛開始學習如何與人和平共處，以及如何與他人共享生命中有形與無形的資產。這個過程是緩慢且需要練習的！有的時候，寶寶可以在與年齡相仿的玩伴相處時，學會其中的道理。也有的時

候，家長們的參與指引與干涉是無可避免的（例如，當寶寶與他人發生打架、咬人、抓人等肢體衝突時，父母即時的制止是百分之一百必須的）。

■ 對於解決幼兒糾紛的各派學說和各種方法，要有一個全盤的認知與瞭解！所謂「書到用時方恨少」，請不要等到「戰爭」發生了之後，才開始尋求解決之道！建議每一位家長們都能藉著閱讀與口耳相傳的方法，對於處理不同情形的爭執，預先沙盤推演出幾種不同的對策，以備不時之需。

■ 正確地將書本中的知識與建議在適當的時機運用出來！當寶寶與人發生衝突時，家長是否應該冷靜旁觀，任由寶寶自活生生的經驗中記取教訓？或是應即早參與建立威嚴，使寶寶信服管教中止事端？

問題在於，家長們在緊要關頭時該如何自許多「腹案」中挑選一樣來付諸行動！大多數的考慮都會牽涉到事發當時父母本身的感受、孩子的感受，和每一個實際現場的氣氛。

常見的情形，是當幼兒與玩伴發生爭執時，家長比孩子還要激動，還要生氣，因此，當家長們試著去扮演和事佬、仲裁者或是中間調停人時，反而會因為本身的情緒波動，而無法運用客觀的思考，因而採取了偏差的處理方式。

因此，父母們必須勉力自我期許的一個重要項目，就是隨時檢視內心，明白地將自我的感受與寶寶的問題劃分清楚，絕對不可將成人世界中的各種包袱與負擔，加諸至寶寶天真無邪的單純天地之中。

唯有如此，家長們才能以睿智與客觀的心態，採取寶寶

的立場，利用成熟的方式，來化解一場幼童的衝突。

　　一般說來，在一大堆或是只有兩個孩子牽涉在內的爭吵之中，一定可以將這些孩子們區分為兩類，即占便宜的和吃虧的，攻擊人的和被攻擊的，強勢的和弱勢的。唯有當家長們真正確認每一個孩子的特質時，才能利用正確的「手腕」，使幼兒得到應得的安慰，或是「乖乖就範」。

　　同時，家長們也必須冷靜地考量每一個事件的「前因」。寶寶是否因為玩了一整天，累壞了，而在情緒上顯得特別易怒或脆弱？是否對於他心愛的玩具火車，寶寶特別不願意與玩伴分享？

　　父母們如果能迅速冷靜地分析每一件事端的現場狀況，找出外在環境激發幼兒爭吵的癥結所在，那麼一場已發生的吵鬧事件不但能迅速地被化解，日後如有類似可能發生的問題，亦能被恰當地預防。

　　總而言之，解決幼兒與玩伴之間的「戰爭」，並沒有一個固定的公式可以次次使用都奏效。因時、因人、因地的不同，寶寶所需要的指引必然也不相同。父母們唯有努力做好充分的預備工作，懂得兒童發展的基本知識，對於不同的情形去打聽或閱讀吸收幾種不同的對策，以便在事件「爆發」時，能夠冷靜客觀地採取最恰當的處理方式，當下一次寶寶提高嗓門大喊：「這是我先拿到的……」時，才能游刃有餘，將一場有可能釀成「世界大戰」的「娃娃之爭」，輕鬆漂亮地「擺平」！

　　親愛的家長們，您願意試試以上我們所建議的「三部曲」嗎？

請樂而忘憂，不要杞人憂天

　　《教子有方》的作者群中有大部分在各自的生活之中，已在扮演著父母的角色。因此，我們非常瞭解家長們「望子成龍，望女成鳳」的強烈得失心，我們對於陪伴子女成長過程中甜蜜、歡笑和滿心喜悅的滋味，亦有著深切無比的親身經驗！

　　不可否認的，每一個孩子成長的過程，都像是一趟充滿著高低起伏的雲霄飛車之旅，有時興高采烈，有時則驚險萬分。身為父母的我們，也曾經經驗過忽而欣慰得意孩子成長之後光輝的成就，忽而卻又滿腹愁苦，擔心寶寶長大之後沒有謀生之能，可能會被迫作奸犯科，甚至於走上黑暗的不歸路！這些每一位為人父母者心中所有的忐忑不安，您是否和我們一樣亦無法避免呢？

　　我們在此所想要強調的是，為人父母的體驗雖然美妙絕倫，世間無一任何其他事物足以比擬，但是其中的痛苦也是難以避免的！當您為了寶寶而處於情緒的低潮時，請記得您並不孤單，世界上每一個家庭中的每一位父母都擁有類似的經驗！您必曾反覆自我檢討是否做得正確，必曾深切痛悔錯誤的無法挽回，您也必曾如履薄冰不知該如何繼續這一切的煎熬，這些都是這份工作的一部分，每一位父母都必須親身體會其中酸苦的滋味，方才能稱作「曾經為人父母」。

　　站在同為父母的立場，我們對讀者們所提出的忠告是：「請樂而忘憂，不要杞人憂天！」

樂而忘憂

之所以能夠時時樂而忘憂，是因爲：

您所經歷到的挫折、擔憂與操心，並不離譜，並不特別，天下每一位父母都正爲了不同的原因，在爲子女承受著各種心靈的磨難。

在寶寶的成長過程中，您所領受到的快樂與收穫，已是多得不勝枚舉，無法細數，您的行囊中應該早已是喜悅滿溢了。

眼前看來嚴重的問題，長遠看來，可能只是一椿不值得提起的小事！

也許家長們會質疑，說來容易做來難，在現實的生活中，該如何才能做到樂而忘憂呢？

首先，與寶寶保持密切的關係，隨時隨地和他共同成長，共同分享與成長相隨而來的歡笑與淚水！

其次，感受與寶寶相處時的每一分、每一秒，望著他可愛的身影癡傻地發呆、拍下珍貴的相片、錄下童稚的笑靨，在成長的腳步所留下的每一個足印中，共同刻劃出美好的經驗！

最重要的是，珍惜當下，不多前瞻，不多回顧，奮力地將每一個今天，以最最不會後悔的方式，充實地填滿！

不杞人憂天

此外，您也可以藉著向三五知心好友傾吐心中苦悶、看場電影、洗個熱水澡、喝一杯上好的咖啡等不同的方式，來提振一瀉千里的心情！然而，不論您採用何種扭轉劣勢的方

法，都請您切記，千萬不要進入「杞人憂天」的惡性循環之中！以下是我們的忠告：

不要整天神經緊張地自己考核自己：「我是不是一個好媽媽（或好爸爸）？」說真的，不論「好媽媽」或「好爸爸」的定義為何，不論您如何衡量這個問題，都是沒有正確答案的。因此，何必自討苦吃呢？

不要整天盤旋在寶寶身旁，不要試著以各種想像得出的方法來為寶寶評分，不要企圖回答：「孩子是否樣樣都合格，甚至於樣樣都是一百分？」這是一個自討苦吃的問題。

最重要的是，不要強迫寶寶達成他能力尚且未及的要求！不要使寶寶認為您愛他，是因為他的好表現，更不要讓孩子感到如果他的表現令人失望，那麼父母親即會收回他們的愛。

請務必要讓寶寶早早地明白，父母的愛是無條件的，不論寶寶的表現是出色還是落後，您仍然愛他！寶寶心中必須擁有一份清晰明顯的認知，他必須相信父母愛他，是因為這一份寶貴的親子關係！也就是，「沒有任何理由，不論你是好是壞，只因你是我的孩子，我必定全心全意愛護你，一生一世永不止息！」

這一份深刻如烙印般的認知，是父母所能贈予子女最最珍貴的禮物，帶給孩子一生受用不盡的平安與喜樂，遠遠超過任何財富與名位的價值。

然而，當父母們「杞人憂天」，整日懷疑寶寶這兒不好，那兒不妙時，是絕對無法傳達出：「你是重要的，你是被愛的，只因為你是我的孩子！」這份刻骨銘心的訊息。

因此，《教子有方》在期勉讀者的同時，也自我期許，

讓我們利用一百種，一千種，甚至於一萬種不同的方式，讓孩子知道我們愛他、在乎他、珍惜他、看重他、少不了他！我們相信，這是幫助寶寶成功地茁壯發展，唯一也是絕對不會失敗的方式！

提醒您！

❖亦步亦趨與「小小磨人精」同步成長！
❖早早學會如何處理寶寶和小朋友之間的戰爭！

迴　響

親愛的《教子有方》：

　　感謝你每個月認真且盡力地幫助我瞭解自己的孩子，幫助我做個成功的母親！

陳珊瑚（美國奧勒岡州）

第七個月

每天十五分鐘

　　這是一則眞實的故事。居住在美國加州的一位電腦工程師，感於生活繁忙，步調緊湊，時間一天一天迅速地流逝，卻分身乏術，無法趕上孩子成長的速度，眼看著孩子的羽翼日漸豐盛、壯碩，獨立單飛的日子毫不留情、毫不遲疑地逼近，他因而以一份「連續一年，每天給你十五分鐘」的保證書，作爲孩子的生日禮物！

　　剛開始的時候，孩子在失望沒有得到實際禮物之餘，並不十分在意這份承諾，而家長也因爲必須每日「撥冗」十五分鐘而倍感壓力沉重。然而，在愛心的催促與堅持之下，經過了一個月的時間之後，每天這一段短短的十五分鐘，卻成爲親子雙方共同珍惜、眞心期待、絕不失約的「黃金時段」！當事人的快樂當然是訴說不盡的，以幼教的角度來分析這個動人的小故事，其中所包含的正面意義，我們願意爲《教子有方》的讀者們深切探討並仔細分析。

　　成長中兩歲半的寶寶，他在語言發展方面所能得到、所衷心渴望最大的鼓勵，就是向他人表達心意的機會。身爲父母的您，即使在寶寶「胡言亂語」、「說了上句沒有下語」、「結結巴巴不知所云」的時刻，都應該責無旁貸、誠心誠意、不矯飾不僞裝地盡到一位「基本聽眾」的本分。寶寶目前所說出的話，雖然是「支離破碎」、「毫無章法」，但是這些不可缺少的練習，正是孩子日後語言成功發展的重要基礎！

　　讀到此處，許多的讀者們也許會信心飽滿地自以爲，

在他們目前的生活形態之中，親子相處的時間已經很多，因此，兩歲半的寶寶實在不必憂慮沒有一位忠實的聽眾來進行「演說練習」。親愛的家長，您對於您和寶寶之間的關係是如何衡量呢？

《教子有方》建議您從現在就開始以第三者的客觀立場，仔細地檢視寶寶在一整天二十四小時之內，能夠真正與您心無旁騖、專心一意，小臉對著大臉「說說話兒」的機會有多少？一切您正在做家事、開車、打電話、看電視、用電腦、聽收音機……等的時刻都不算，一切寶寶正在玩玩具、吃飯、洗澡、打瞌睡……等的時刻也不能算。我們所指的是，「你心中只有我，我心中只有你」的親密時刻！

即使是每天只有短短的十五分鐘，這一段「我只屬於你」的片刻，即在一天之中占據了最精華的地位！唯有在這一段時間內，寶寶對您所說的每一句話，與您所產生的每一種交流，才是「正大光明」、「不打擾父母」、「不引人厭煩」、「不是次要」的！

對於父母們而言，要在整天忙得團團轉的生活中抽出一段「什麼也不做」、「什麼也不想」、全心「伺候」兩歲半寶寶的時光，是一件聽來容易，看似簡單，但是行之卻不易的差事！所幸的是，在您的寶寶目前這個年齡，他能夠專注不分神的限度，大約也只有十五分鐘，因此，只要家長們願意許下這個承諾，在每日的時間表中將這個「不可取消的約會」變成一個「例行的正事」，也並不是一件困難不可行之事。

在您與寶寶的「親密時間」正式登場之前，請先熟讀以

下我們所列出的幾項大原則：

保證書

為寶寶解釋這個「親密時間」的實際意義，也就是說您在這段時間之中，將會是全心全意、百分之一百地屬於他！同時，也請您在心中和自己「約法三章」，在「親密時間」之中，請謝絕一切外界的干擾，不接電話、不接手機、不應門鈴、不必去查看爐上烹煮中的食物，更不能喝茶、吃水果或縫補衣物。此外，最重要的一點是，請您抱著一種「悉聽尊便」的心態，做好心理準備，要在短短十五分鐘的「親密時間」中「任憑寶寶的差遣」！

寶寶是「親密時間」的主持人

請讓寶寶來決定他想要如何安排這段時間！不論寶寶想聽您說一個故事，看著您用積木搭一個城堡，或是觀察您在紙上畫一隻米老鼠，只要是寶寶的主意，都值得您努力去配合與執行。此外，請切記務必要按捺心中「當家作主」，想要「帶頭」的衝動與習慣，要知道，「親密時間」的原始用意是將自己完全交在孩子的手中，如果仍然事事由家長作主，而寶寶只能「唯命是從」，那麼您即是反其道而行，難以達到理想中的境界及預期的效果！

更重要的是，一旦寶寶被您賦予主導「親密時間」的任務，而寶寶也自知「責任重大」時，他小小的腦袋即會開始積極主動且認真地去思考和策劃，並且切實地將他的「主意」和「想法」，努力以言語和行為清晰地表達出來！對於一個兩歲多的幼兒而言，這種能同時鍛鍊組織能力、表達能

力和領導能力的活動，實在是十分的難能可貴。因此，請家長們務必要「謙遜」地在「親密時間」之中將「全權作主」的寶座讓給您心愛的寶寶。

藉機灌輸時間觀念

有心的家長們可以利用「親密時間」來灌輸寶寶許多重要且抽象的時間觀念。

如果您有一個小鬧鐘或是計時器，何不在「親密時間」開始時，和寶寶一起設定好十五分鐘之後的「結束鈴聲」！更好的方式，是在一個清楚的鐘面上用一支可以水洗的鉛字筆，標出「親密時間」開始和結尾時長針所指的部位，這麼一來，寶寶可以在心中一目了然地勾劃出「十五分鐘」的實際意義和界限。

此外，因為美好的時光總是過得特別快，家長們可以在「親密時間」快要結束之前，體貼地提醒寶寶「最後五分鐘」到了，幫助寶寶做好心理準備，在真正的「時間到」的時刻，不至於太過失落與沮喪。即使寶寶對於「最後五分鐘」的五分鐘時間還沒有什麼深切的概念，但是只要家長們能夠日復一日，固定地用這個方式來提醒寶寶，久而久之，他便會懂得「最後五分鐘」這句話是一種警告，代表著「時間快到了，快要結束了」！

當「親密時間」已和吃飯、睡覺一般，成為生活中「必然發生」的一件大事之後，家長們也可以利用「親密時間」來訓練寶寶等待與期盼的能力。假設當您正忙碌地在廚房中與鍋鏟碗盤奮戰，而寶寶卻不斷地要求您，希望您為他讀一本新買的故事書！您實在無法在當時停止手邊的工作給予寶

寶他所需要的關注，此時，您不妨試試利用「親密時間」作為有效的緩兵之計。對寶寶說：「寶寶別心急，媽媽現在正在忙，但是等吃完晚飯『親密時間』時，我一定好好地唸這本書中的故事給你聽！」大部分的寶寶都會因此心滿意足。也停止當時的「進攻」，轉而安心等待母親真正屬於他的黃金時段。

　　歸納以上所列的項目，家長們可以藉著日常生活中的「親密時間」，幫助寶寶逐漸領悟時間進行中的先後次序，不論是事先的期待、當時的歡愉或是結束之前的預警，都能幫助寶寶將這個抽象、難以捉摸的概念，清清楚楚地落實於可以掌握的生活之中，培養出正確與強烈的時間觀念。

心事老實說

　　當您實在無法辦到寶寶所下達的「指令」時，請坦誠地對寶寶解釋您的極限，運用良性的溝通方式，引導寶寶自動打消此意，放棄這個念頭！

　　假設寶寶已連續兩個星期在每日的「親密時間」中，都指明要您為他讀同一本故事書中「三隻小豬」的故事，您的反應會是如何呢？如果您不感覺厭煩，也並不介意每天讀一遍「三隻小豬」給寶寶聽，那麼我們支持您持之以恆的堅持下去。相反的，如果您自覺已到了無法再繼續忍受「三隻小豬」的地步，那麼請您老實且誠懇地對寶寶說：「乖寶寶，爸爸不想再唸這本書了，你能不能想出什麼其他的活動呢？」

側耳傾聽

家長們積極且主動地側身傾聽寶寶所說的每一句話,是「親密時間」中一個重要且不可或缺的一環!隨著寶寶一天一天的長大,他想說話,想以語言來表達情緒的渴望也會日漸高漲,而當寶寶止不住地高談闊論時,他還會霸道地要求聽眾做到心無旁鶩,「有聽也有到」的程度!因此,身為寶寶在「親密時間」中必然的基本聽眾,請您務必努力做好一名忠實的聽眾,認真的聽,專心地聽,避免發生心不在焉和「左耳進右耳出」的情況。

黃金時段

最後我們想要強調的一點是,「親密時間」必須是輕鬆自然和快樂的。這是一天之中屬於您與寶寶黃金時段,是值得期待、盼望、享受與回味無窮的。別擔心寶寶是否在這短短的十五分鐘之內學會了什麼,長進了多少,您只要確定寶寶的心情是開心的、是愉快的,那麼寶寶從這段「親密時間」中所得到的收穫,就必然是充實、豐盛和無比珍貴的!

最佳童星

不論寶寶是玩扮家家酒、是模仿、是假裝還是想像,從成人的眼中看來,兩歲多的幼兒,舉手投足之間所不經意流露出的「戲劇性」和「可看性」,是相當引人注目和令人驚羨的。

兩歲半的仔仔拽著一個從爸爸書房中找到的無蓋空紙箱,決定要去超級市場買菜。他神氣活現地推著他的大紙箱

（購物車）在家中四處張望、搜尋，滿心歡喜地為家人選購必備的食物和日用品！他往紙箱中扔進了一個空的茶杯、一隻拖鞋、一卷錄影帶和一小罐胡椒粉，然後他進入浴室打開抽屜拿出媽媽的吹風機，將紙箱中的食物逐一取出，用吹風機（測價機）在每一件貨物上掃瞄一番，口中適時發出一聲「嗶——」！最後，仔仔將滿車的貨物全部裝入一個大塑膠袋中，驕傲地拖到您的面前，得意地說：「仔仔買東西回來了！」

以上所描述的情景，想來對您並不陌生。寶寶喜歡將他所觀察到人生舞臺上每一齣不同的戲碼，都以他自己的方式，自編、自導、自演地在他小小的世界中有樣學樣、活靈活現地重播一次。這種欲罷不能的「表演」衝動，在兩歲寶寶的生活中，占據著一個重要且不可缺少的層面！

假裝和模仿提供了寶寶以下所列出的種種好機會：

- 學習大人的言行舉止，藉以更深刻地瞭解這個屬於成人的世界。
- 重演他所經歷的各種喜怒哀樂，以真實地面對自己的情感，恰當地宣洩內心的感受。
- 以各種道具和代用品來編造腦海中的意向，藉以架構並增進成熟中的想像力。
- 學習，實習，並自我帶領，成功地以獨立的姿態，打入成人的世界。
- 更重要的是，每一次當兩歲多的寶寶「假裝」的時候，他即成功地擺脫了被外在世界控制與操縱的角色，從被動轉為主動，成為一個主宰大局的指揮官！

　　寶寶會先從模仿父母開始，然後漸漸的將他所扮演的角色，推展到家人、親友、鄰居甚至於影視名星、公車司機、加菲貓等他所熟悉的各種眞實和虛構的人物。身爲家長的您，何不抱著一種樂觀其成的心態，不批評亦不嘲笑他稚氣的「演技」，默許並支持寶寶的「童星歲月」，幫助寶寶將他每一天的生活，都以豐富的想像和靈活的創意，營造成一個美侖美奐、多采多姿的魔術王國！

小型樂器而非玩具

　　能夠發出聲音的物體、樂器和玩具，會深深地吸引兩歲寶寶的注意力，並帶領寶寶不由自主地進入一個引人入勝的美妙境界。現在正是利用寶寶對於音效的興趣，將韻律與節奏的動感深植於寶寶心靈深處的大好機會！

　　但是，寶寶的父母和所有的家人們，必然全都喜歡恬靜安寧的生活，害怕刺耳的噪音！因此，《教子有方》建議家長們爲寶寶預備一些輕巧、簡單、價格又合理的「眞正」樂器，一方面可以提供寶寶一個光明正大的機會來追求他的音響效果，爲寶寶的愛樂之情提供正確的宣洩管道，另一方面也可趁機教導寶寶，家中昂貴的花盆、家具和酒杯，都不該是寶寶「玩聲音」的對象。

　　家長們不妨在心中訂立一個日期表，逐週或逐月爲寶寶添置他的「鼓號樂器」！小小的響鼓、響葫蘆、鈴噹手環、鈴鼓、小型的口琴、笛子、哨子，以及鑼鈸、鎖吶、風鈴等，都是值得投資的項目，寶寶不僅在目前能夠隨心所欲地進行他的音效實驗，在未來的五年、十年，甚至終其一生，

這些小型但是貨真價實的樂器,都將成為他為生命添增音符的珍貴法寶!

　　親愛的家長們,請帶領並鼓勵您的寶寶在合宜的時間與場合中,盡情地敲擊和吹奏他的鼓號樂器,在音韻和節奏不同的組合及巧妙的變化中,自然天成的音效將成為幼小生命不可分割的一個部分!您也可以鼓勵寶寶隨著您的歌聲、收音機中的樂聲或是枝頭小鳥啾啾的叫聲,自由選擇他所心愛的樂器,為這些聲音添加節奏與神韻,來一段即興的「交響共鳴曲」!

　　在這些有聲又有趣的活動中,寶寶已不知不覺地從過去被動的聽眾角色,一躍而為「主動的參與和積極的創新者」,無形之中寶寶人生觀得以重塑!如果您曾經是一位怕吵的家長,對於這個能為孩子音感及人格都帶來朝氣與活力的健康活動,您是否能「張一隻耳,閉一隻耳」地暫時按捺心中的不喜悅,一石二鳥地成就寶寶快樂的成長呢?

您的孩子玩槍嗎?

　　在歐美國家容許私有槍枝的社會中,「您的孩子玩槍嗎?」無疑是一個極端敏感的問題。而在槍枝管制的國家中,這亦是一個值得父母們在回答之前,三思再三思的嚴肅課題!

　　無庸置疑的,e世代的電視、電影、遊戲機、電玩、書報、雜誌及漫畫中,包括有槍枝在內的暴力鏡頭與畫面,幾乎是處處存在,無可避免,且防不勝防的。在美國社會中,近年來一再發生的校園槍殺、爆炸事件,著實令社會學家、

教育界人士及家長們憂心不已！除了在校園（大學、中學、小學及幼稚園）中禁止玩具槍出現之外，成長中的孩子們是否可以玩「假槍」，也已成為一個熱門話題。

親愛的讀者們，您是否也曾仔細思考過這個問題？而您的決定又是如何呢？如果您並不容許寶寶在家中玩「假槍」，那麼當他和其他玩槍的孩子們在一起時，您又該如何是好呢？

為了幫助家長們針對這個重要的難題，做出理智且正確的抉擇，《教子有方》願意帶領讀者們先從三個不同的角度來審查這個「孩子玩槍事件」！

定義「玩具槍」！

首先，家長們必須正視在孩子成長與發育的過程中，玩耍所扮演的重要角色和所能發揮出的龐大影響力！

您或許認為當兩歲半的寶寶比劃著一枝來福大水槍，人前人後「砰！砰！砰」時，他只不過是純粹的消遣好玩罷了，不必太大驚小怪，也無須因而預測這個孩子長大後有可能會成為校園槍手。畢竟，「兩歲半的孩子還那麼小，他懂得什麼呢？」

然而，以兒童心理學的立場來分析，人生中許多重要的學習，都是來自於遊戲與玩耍的經驗！

回想一下，襁褓期間的寶寶，是否正是經由愉快的玩耍而學會了探險、搜尋？漸漸長大之後，寶寶也是在遊戲玩耍之中，學會以一雙小手來研究操控他所尋獲的獵物！同樣的，學齡前兒童手眼協調與社交的能力，也必須在各種不同的玩耍與遊戲之中，才能

逐漸發展與成熟。

　　親愛的讀者們，當您準備爲寶寶添購一件玩具，或是代替寶寶接受一件來自友人所贈送的玩具時，《教子有方》建議您以這件玩具所具有的學習功能，來衡量與評估它的價值。畢竟，如果生活是寶寶成長的課題，遊戲間是教室，那麼玩具即是教具！如果您爲寶寶提供的是蠟筆和畫紙，那麼圖畫就是寶寶的玩耍與學習。正如一個皮球會帶領寶寶學習滾動的力學與原理，具有攻擊性的玩具，也必然會引導寶寶學會並習慣於攻擊性的行爲。

　　因此，理智的父母們必須隨時謹記於心，槍的定義是「打仗用的兵器」，而打仗的定義則是：以武力決定勝負！因此，即使是一枝設計精巧可愛的小水槍，所帶給寶寶的訊息依然是：這是一件可以藉以使人屈服的物體！

此物最駭人！

　　其次，請家長們花幾分鐘的時間仔細地想一想，社會輿論對於兒童攻擊性的玩耍所能接受的尺度爲何？在我們深入討論這個主題之前，請先對於以下這一個眞實的事件，做一個客觀且眞心的衡量。

　　就讀小學一年級的男孩小喬，生長在一個保守的家庭中，父母從小即規定家中禁止擁有任何武器性質的玩具。在一次同學的生日派對中，小喬得到了一枝可以射出保麗龍飛標的小手槍，他在興奮開心之餘，第二天即將小手槍置於長褲口袋中帶到學校，而在下課時和同學們在操場上，一遍又一遍、興奮地玩著「好人打壞人」的遊戲⋯⋯。

　　親愛的家長們，如果您是小喬的級任老師，您將會如何

反應他玩手槍的熱情呢？又或者您根本不覺得這是一件值得大驚小怪的事？我們相信在每一個不同的國家和不同民俗風情的社會中，小喬所將面對的待遇將是完全不相同的。

在這個事件所真正發生的美國社會中，立刻就有小喬的同學報告了老師，送交校長處理。小喬除了被處以最嚴重的懲罰，整日課間休息全在校長室關禁閉之外，還接到一張紅色警告單，邀請父母與校長老師正式會談。假設您是小喬的父母，您是否會同意校方的處理方式呢？

當然囉，每一位父母都會教導自己的孩子要與人和平共處，也都期望孩子能本著愛心、耐心及尊重，和生活中所接觸到的每一個生命產生愉快的交集！然而，人與人之間的爭執、衝突與摩擦，本就是現實生活中重要且不可避免的一部分！這也是為什麼當父母們在陪伴孩子面對生命中的碰撞時，必須先明白社會對於攻擊行為所能接受與容忍的限度為何。

從另外一個角度來分析，人類的社會亦並不鼓勵懦弱與膽小，適當程度的果斷、堅決、求勝，以及在運動場上公平競爭一較高下，不僅不會為社會所排斥，反而是備受肯定鼓勵，並能贏得褒獎的。

因此，家長們必須認真與勇敢地面對這個課題，努力帶領孩子在不見容於社會的攻擊行為，以及退縮逃避遭人輕視的兩個極端之間，尋找一個既能堅持自我、超越自我，又能保護自我、防禦攻擊的中間地帶，容許寶寶在其間快樂而有自信地成長！

當心「隔鍋香」

現在，讓我們再回頭來推敲一番上文所述小喬的故事！

試問，小喬這麼一位從小即被父母禁止玩槍的孩子，是如何在一夜之間變成校方紀錄中「個性凶猛，攻擊心強，喜愛槍枝」的頑童呢？沒錯，有些時候，過分的隔絕與禁止，反而會導致孩子心中「愈是得不到就愈想要，愈喜愛」的心態！隨著寶寶漸漸的成長，父母必定無法亦步亦趨、分分秒秒、嚴密監視孩子的一舉一動，往往當寶寶一旦逮著紓解心中渴望的機會，手中握著一枝平時不許碰的玩具槍時，他即會喜悅滿溢地一頭栽進這個難得可以一探究竟的手槍世界中，久久無法自拔！

除此之外，兩歲多的寶寶是富於想像且勇於創造的！在他所編織的「官兵捉強盜」劇情中，所須使用的手槍道具，絕對可以有許多不同的替代品。一支湯匙、一把小尺、媽媽的吹風機，甚至於寶寶自己的兩隻手指頭，都有可能成為一枝「玩具手槍」。等寶寶再長大一點，雙手更加靈巧與能幹時，他還會無中生有地自製一些「獨家手槍」！父母們在稱讚孩子出色的美工技藝時，也必然免不了一陣心驚膽跳，在現代這個社會中，難道真的無法阻止手槍，及其所代表的暴力與武力，進入寶寶單純天真的幼小心靈嗎？

引導寶寶自動繳械

我們願意鼓勵家長們，請別灰心，更別氣餒，只要您堅持以下的幾項原則，那麼不僅「隔鍋香」的效應不會發生在寶寶身上，久而久之，寶寶必能對一切含有攻擊性質的玩具武器，終生免疫，自動自發地敬而遠之不再追求。

〔不可以暴制暴〕

首先，請家長們務必記得，您的任務是阻止並預防寶寶

養成習慣，以槍枝武器及暴力的方式，來壓制他人達到自己的目的。因此，父母們必須身先士卒以身作則，竭力以溫和及理性的方式來教導寶寶，千萬不可以暴制暴，更不可利用高壓、強行、恐嚇或要挾的手段，硬性使寶寶屈服，放棄他的玩具手槍！別忘了，您的目的是要塑造一個喜好和平的小生命，而不是禁止寶寶玩槍，當您利用身軀龐大、力氣超強的優勢，硬性奪下寶寶手中的玩具槍，一古腦兒將之拆成兩半，並扔進垃圾筒時，您是為寶寶建立了一個清晰明顯，遇事訴諸暴力的好榜樣，不但沒有達到原本的目的，反而迫使寶寶更加深信暴力的功效。

〔只能詳細解說〕

因此，當您在教導寶寶「玩具手槍不可玩」時，請務必就事論事地為寶寶解說其中的原因，萬萬不要以：「媽媽說不可以就是不可以，不要再囉嗦，不要再問了！」的方式迫使寶寶就範。

那麼您該怎麼辦呢？《教子有方》建議您借用「種瓜得瓜，種豆得豆」的想法來教導寶寶「玩槍」的後果！利用寶寶所能瞭解的方式，讓他明瞭手槍會射出子彈，子彈會傷人，使人疼痛，甚至致人於死，被手槍攻擊的人除了自己會受苦喪命之外，他的親人也會連帶地傷心、難受。因此，沒有人喜歡被槍口瞄準，即使是用玩具手槍射水、射球、射小飛鏢，都會引人不安、製造不悅的氣氛及引發不良的後果。除此之外，利用手槍攻擊他人的人，雖然在見到敵人中彈時會感受到一絲的喜悅，但是對方的痛苦及其親人的傷感，必定會為自身帶來強烈的反感、悔恨及罪惡感，最終的結果，是兩敗俱傷，掃興無趣。對於這麼一種玩具，何不趁早放

棄，以避免其不良的後果呢？

〔勤於「洗腦」〕

別以爲兩歲半的寶寶對於以上長篇大套的道理會無法理解，不能接受，何不試試看？只要有人細心與耐心地不斷提醒寶寶，想必用不了多久的時間，當他再一次在偶然的機會中接觸到玩具槍時，必然不會再如餓虎撲羊般地一把捉住不放，他可能會有些遲疑，保守地玩一陣子，當腦中您對他所灌輸「手槍傷人」的道理自動地浮現時，寶寶也許就會放下玩具槍，轉而尋找其他更有意思的玩具。

總而言之，善意與理性的「洗腦」，對於成長中的幼兒而言，絕對會比高壓及強制的手段有效，雖然，所需的時間較長，所費的唇舌較多，但是絕對不會導致「以暴制暴，有樣學樣」的惡性循環，更不會產生「隔鍋香」的不良後果。親愛的家長們，您同意我們的看法，願意試試嗎？

最後，至於「您的寶寶玩槍嗎？」這個問題，請容許我們不爲您提供「標準答案」！正如本文中所曾提到的，我們的目的是幫助家長們培育一個充滿愛心，喜歡與人和平共處的新生命，只要家長們能以身作則，心平氣和，不慍不火地處理每一個難關與衝突，那麼親愛、友善、溫柔及和平的特質，自然會滿溢於孩子的言行舉止，至於「玩不玩槍？」已不是那麼重要了！

我是女生，爸爸是男生

「什麼是男生？什麼是女生？」

「我是男生還是女生？」

「爲什麼男生和女生的頭髮長得不一樣？」

「男生和女生到底還有什麼不一樣的地方？」

在幼兒發展性別認知的過程中，以上這些問題，只是近年來學者專家們所曾深入研究的許多問題中的一部分。爲了方便讀者們貼切地瞭解本文所闡述的科學報告，我們將幾個較常用的學術用語另列於下頁方塊之中，供您自由對照使用！

是男還是女？

總體來說，研究結果已讓我們清楚地瞭解，大多數的幼兒在一歲半到兩歲之間，即已能正確地明白自己的性別歸屬是「男生」、「小弟弟」，還是「女生」、「小妹妹」。此外，兩歲半到三歲之間的幼兒應該也能將他生活之中各種人物的性別，正確無誤地區分清楚。

性別辨識的能力，是寶寶在性別觀念發展過程中所踏出的第一步。在兩歲多的幼兒心中，「男」與「女」的差別，多半來自於他所觀察到玩伴們所擁有的是哪一類的玩具，穿哪一類的衣服，頭髮的長短，以及是否戴有項鍊、手環等飾物。然而，隨著時代的改變，愈來愈多的男士們開始留長髮、穿耳洞、戴耳環，也有愈來愈多的女士們以短髮、褲裝及公事包的形象出現在孩子的面前，致使寶寶不容易掌握住一些他所認定用以辨識性別的記號，而產生一些「男女顛倒」的有趣錯誤。

家長們可以十分容易地測試出寶寶是否已成功地完成性別辨識的里程碑！翻開任何一份書報雜誌，指著其中的人物圖形或相片，問寶寶：「這個人是男生／女生嗎？」或是

請寶寶：「可不可以找出一個女生／男生呢？」

男耕女織

在懂得如何辨識性別之後，幼兒們會開始區分一些隨著性別的不同而有所差別的行為、舉止及態度，也就是所謂的性別角色特徵。根據一些學術研究的結果，我們知道幼兒在兩歲至三歲之間普遍的特徵是，女孩子喜歡煮飯、清理房屋、玩洋娃娃，而男孩子則喜歡用積木

研究幼兒性別認知發展常用術語及其定義

1. 性別觀念（gender concept）：幼兒對於「男女有別」的整體概念，及其對於「男性」及「女性」的認知。也就是說，寶寶懂得在這個世界上的人可以依性別分為兩類，一類是「男」，而另一類則是「女」，這個觀念通常要經過多年的生活與體驗，才能逐漸成形、發展與成熟。

2. 性別辨識（gender identity）：這是幼兒發展性別觀念所踏出的第一步，寶寶開始會分辨得出爸爸是男生，媽媽是女生，堂哥是男生，阿姨是女生，寶寶更可以正確地指出自己是男生（或女生）。

3. 性別不變律（gender constancy）：對於性別無法更改、無法轉換的瞭解與接受！寶寶必須瞭解，一個人的外觀也許會改變，容顏會蒼老，髮型可變化，衣著可掩人耳目，甚至於假髮、鬍鬚及化粧可混淆一時，但是每個人天生的性別，是無論如何都不會改變的。

4. 性別角色特徵（sex-role stereotypes）：男生打領帶，女生擦指甲油；爸爸修水管，媽媽補襪子；哥哥穿藍色，姊姊穿粉紅色，以及「男生勇敢不可以哭」、「女生不可以太凶」……等，社會對於兩性行為舉止不同的期許和衡量標準。

5. 性別角色認知（sex-role concept）：寶寶對於上述性別角色的瞭解，接受及恰當地落實與運用。

搭房子、使用工具修理物品，和玩小汽車、卡車、火車等玩具。

　　不可否認的，在世界的每一個不同的角落，每一個不同的國家、社會及家庭中，對男孩及女孩的行為尺度、要求及期望都是不盡相同的。《教子有方》雖然無法為家長們詳盡地列出男孩與女孩在食、衣、住、行、育、樂各方面的一切規範準則，但是我們願意為讀者們提供一些有用且重要的知識，幫助您更加認識自己的孩子，以便能更貼切恰當地幫助寶寶在性別認知方面的成長。

　　從客觀的立場來分析，男性與女性在性別角色之間的差異，受到來自於四個不同層面的影響，其中包括了先天性既定的生理結構與功能，以及後天外在環境中家庭、朋友及大眾傳播工具所共同組成的兩性文化。以下就讓我們一同深入地思考與檢視這些因素。

〔男女有別〕

　　男性與女性的不同，來自於大自然所賦予不同的生理結構與功能。女性皮下脂肪較多，男性天生有喉結、鬍鬚；女性聲音溫柔，男性體能較強……等種種的差別，都是自然天成，不爭的事實。

〔家庭的影響〕

　　近年來許多研究結果都明顯地指出以下的共同發現：

■ 對於學齡之前的兒童，父母們對男孩與女孩大多是採取同等的待遇。也就是說，不論是男孩還是女孩，父母們都會以等量的感情與喜愛來對待他們。

■ 當兒子玩女孩子氣的玩具（如洋娃娃、扮家家酒），

或是女兒玩男孩子氣的玩具（如賽車和爬樹等）時，大部分的母親們都不會太介意。反之，即使是在一個完全強調男女平等的家庭之中，許多的父親們仍然不能接受男孩子玩洋娃娃，對於兒子「像個娘兒們」的反應也最強烈。

■ 職業婦女與家庭主婦的子女們對於性別角色的認知是十分不同的！簡單的說，職業婦女的子女們對於性別角色的區分比較模稜兩可，不是那麼的壁壘分明。也就是說，母親平時外出工作的幼兒們，對於「女生做總統」、「女性飛行員」，以及「家庭煮父兼奶爸」、「男性護理人員」這些非傳統的兩性角色，所能接受與面對的程度，是極為開明且不拘泥成見的。

〔朋友的影響〕

這是來自於外在環境僅次於家庭影響的重要因素！

■ 幼小的兒童從大約兩歲半開始，即已傾向於選擇同性的玩伴。他們也喜歡對同性的幼兒們進行長時間的注目禮，觀察對方的每一個舉動與反應，但是對於異性的幼兒們，兩歲多的寶寶則似乎不是十分的感興趣。

■ 男孩與女孩所選擇不同的遊戲方式，早在幼兒三歲之前即已明顯地表露無遺。這也就是為什麼當一群小男孩聚集在一起的時候，我們多半會聽到許多人聲、許多物體碰撞的聲音，並且能觀察到許多人影的左右移動、前後追逐及上下彈跳。相反的，幼小的女孩子們多半喜歡從事較安靜、文雅和富於藝術氣質的活動與遊戲。

〔大眾傳播工具的影響〕

　　收音機、電視、遊戲機、電腦及幼兒所閱讀的一切書籍，全都直接左右著寶寶兩性認知的成熟與發展。一般來說，大眾媒體所表達出的兩性角色，多半十分兩極化！超人、鐵金剛和拳王多半是男性，老師、護士和管家多半是女生。幼兒所接受到的訊息，多半男性是孔武有力、保護弱小和具有解決問題的本領，而女性則是嬌弱膽小、依賴強者並且順服他人。

　　親愛的家長們，行文至此，我們願意鼓勵您暫時放下本書，根據上述的內容，仔細反省一下您的寶寶所接受到來自於外在環境（家庭、朋友及媒體）的性別觀念及兩性角色特徵是否正確？是否妥當？是否有需要經由您的幫助而加以修正？請您務必要切實做好這一步的省察工作，因為，除了您以外，沒有任何其他的人能夠如此懇切地在這個課題上助寶寶一臂之力。

當寶寶性別混淆時

　　接下來，我們將試著以學術研究的客觀立場，來探討一下當幼兒對於自身性別角色有所混淆時，父母們所應具備的常識，以及所應秉持的原則和立場。

　　當一個小男孩不斷地認為自己是女生，或是一個小女孩不斷地期待自己有朝一日能變成一個男生時，都會造成父母心中極大的恐慌與不安！我們認為家長們在處理這個敏感的問題之前，應該先有以下的認知：

　　■ 一般來說，兒童要等到五歲之後才會真正地產生「性

別不變」的概念，也就是說，在此之前幼兒們並不瞭解，終其一生他們的性別只能有一種，這個性別不是可以自由選擇，更是無法更改的。同樣的，五歲之前的寶寶多半不明白，為什麼當他穿著媽媽的裙子和高跟鞋時，仍然不能算是女生。

■ 在美國的社會中，有較多的女孩子希望自己是相反的性別。這也許是現代婦女追求兩性平等時的副產品！

■ 父母們對於女孩子們所展現出「女中豪傑」、「野丫頭」、「愛穿褲子不愛穿裙子」的種種言行舉止，多半比較能容忍，比較能輕鬆地一笑置之。但是相反的，家長們對於一個「動不動就哭」、「膽小害羞」、「愛漂亮愛打扮」、「娘娘腔」的男孩則十分難以接受，容易以相當情緒化的方式，來中止孩子這種「丟人現眼」的「怪癖」。

■ 一個孩子渴望成為另外一種性別的原因有許多，在這些原因之中有一個重要的共同之處，那就是在幼兒單純的心眼中，他認為如果能夠更換自己的性別，他將能夠獲得較多來自於父母、親人，甚至於朋友們情感上的親愛與關懷！

結 語

在結束本文之前，我們願意鄭重地提醒讀者們，成長中兒童的種種價值觀、進退應對、待人接物以及行為舉止，完全取決於父母的立場與教導！家長們在寶寶性別認知的每一個成長過程中，都必須亦步亦趨地瞭解寶寶的心態及想法。此外，對於來自外在環境中家庭、朋友、大眾傳播工具所造

成的影響，也必須隨時監督與修正。

　　性別取向的正確成長與認知，是孩子發展正面自我意識，增長自信過程中最重要的一環，因此，《教子有方》鼓勵讀者們以謹慎但不緊張的心情，勉力迎接這個責無旁貸、且不可掉以輕心的重要任務！

 _____ 提醒您！_____

　　❖別忘了您與寶寶每天有十五分鐘的約會喲！
　　❖請開始為寶寶建立他的「小小樂器行」！
　　❖切忌「以暴制暴」地禁止寶寶玩槍！

迴　響

親愛的《教子有方》：

　　外子和我都十分喜歡逐月閱讀《教子有方》，每回當我們讀完了貴刊充滿鼓勵、知識且實用的文章之後，都會忍不住會心地一笑。在您們撰寫《教子有方》之前，是否每月都在我家後窗偷偷觀看小女的成長啊？

　　　　　　　　　　　　　　　王蕊（美國馬州）

第八個月

生活就是學習

在《教子有方》爲家長們所提供諸多重要的思考層面之中，很重要的一項，就是如何有效地幫助寶寶學習及成長，確保孩子成功地成熟與發展！由此，我們也爲學齡前的幼童逐步做好入學的準備。不可否認的，學童在學校中藉以學習的一切基礎，都是在尙未入學之前就已紮根與定形，許多學術報告亦指出，如果學前階段的發展落後於平均值，這類的孩童在入學之後多半會面臨閱讀、寫字、拼音及演算數學的學習困難。

因此，「正常」地「長大」，對於您的寶寶而言，是十分重要的！寶寶目前健康良好的成熟與發展，代表著入學之後成功的學習與知識的累積。正因如此，《教子有方》不僅爲您剖析寶寶各方面的成長進度，更預備了許多刺激寶寶心智成長突飛猛進的親子活動，供您參考與運用。

以下是我們在本月中爲您整理的親子活動，這些活動既可激盪心智成長，又可營造美好的親子共處時光，家長們只要稍微留意，即可在日常生活之中，隨時隨處、隨機應變地和寶寶玩得長進又痛快！

購物活動

當您買菜購物時，請容許並鼓勵寶寶一同參與，任由寶寶自由挑選所需之物，同時也請您耐住性子，讓寶寶練習做一些簡單的決定。

家長們可以儘可能地爲寶寶解說每一個動作的本末起

始，讓孩子明白他自己身在何處，所為何來。

例如，當您帶著寶寶在超市選購水果時，您可以邊為寶寶解釋為什麼要買水果（好看，好吃，有營養，預防便秘……等），邊教導寶寶如何與您一同為家人採買水果（大的，圓的，沒有被蟲咬過的……），甚至於與寶寶共同計畫水果的分配（午餐後吃西瓜、晚餐後吃蘋果、爸爸吃葡萄……等）。

另外一種有趣的活動，是讓寶寶在您購物時，將貨架上他所認識的物品名稱一樣一樣的說出來，在蔬菜部門寶寶認出了他愛吃的紅蘿蔔，在冷藏箱中他發現了愛吃的冰棒，在糕點櫃中也找到了好吃的蛋塔……。等到寶寶對於超市的排列方位有了比較熟悉的概念之後，您即可試著派遣寶寶做個小小的採買領航員，問寶寶：「我們要的牙膏在哪兒啊？」請寶寶領路找到牙刷牙膏部門，然後再問寶寶：「找找看有沒有我們用的牌子啊？」容許寶寶自己從貨架上取下牙膏，放入購物車中。

家長們可以根據以上的例子，自由變化這些豐富且有意思的購物活動，在您細心的帶領與陪伴之下，寶寶會興高采烈、全神貫注地融入這個有趣的大教室（超市或購物中心）。在積極主動的參與過程中，孩子的學習與發展將以破竹之勢，澎湃激昂地百尺竿頭，節節進步！

親愛的家長們，當您下一次帶寶寶上街購物時，請徹底放棄期望寶寶不吵、不鬧、不言、不語，安靜地坐在推車中的想法。雖然兩歲多的孩子在任您四處推動，被動地觀看商店中的人、事、景物時，他仍會像一塊海棉般，吸收他所接受到的各式聲、光、色、味，然而，較之於上述積極生動的

參與，這種毫無選擇、旁觀者的體會，實在是索然無趣，無法激起寶寶心中好奇的火花，更無法驅動他學習的渴望與熱情。

乘車活動

有心的家長們可以將最簡單、最無聊的乘車活動，變化成多采多姿的親子活動，激發寶寶的腦力活動，強化寶寶的正常發展。

不論是由您駕駛，或是您和寶寶共同乘坐車中時，請先帶領寶寶沿途逐一認出窗外的大型路標：郵局、加油站、超市、學校、公園、燒餅油條小店、外婆的家、叔叔的家……等。當您在為寶寶解說時，不妨邊試探寶寶，是否真正弄清楚了這些建築物的方位。漸漸的，您可以在一上車之後即考考寶寶：「我們現在要去奶奶家，先經過小公園，然後呢？」看看寶寶是否能及時將下一個大的路標自動指出。

這個活動看似簡單，但是確實能訓練寶寶將所看到的景物，所聽到的名稱（您的解說）和所說出的言語（寶寶的覆誦和練習），成功地串連，為幼兒的語言發展打下良好的根基。

戶外活動

多多帶領寶寶親近大自然！庭院中的花草盆栽，寶寶可以澆水、拔草、鬆土；公園中各式不同的樹木、園藝、飛鳥池魚，也都是寶寶參與和學習的好機會與好場所。

家庭活動

家，除了是親愛溫情的泉源，更是一個快樂的學習天堂！孩子在家中所學會的，是「如何生活」的重要科目，親愛的讀者們，您只要時時留心，必然不難發現寶寶在家中所能獲得的領悟與啟發，是多麼的寬廣無限及美妙豐富。

以洗衣服為例，請讓成長中的寶寶參與每一個過程，將衣服一件一件扔進洗衣機中，用小量勺舀一瓢洗衣粉，再將洗衣粉倒進洗衣機中。衣服洗好之後，讓寶寶幫您將濕衣服拿出洗衣機，再放入烘乾機或掛上曬衣繩，等衣服乾了之後，寶寶仍然可以幫您整理疊平他自己的小衣服，再分門別類收進衣櫃中。

請別小看了洗衣服這件再平凡不過的「俗事」，寶寶除了能在其中學會各種不同的技能之外（開動洗衣機、測量洗衣粉、使用曬衣夾……等），他還能藉著參與整件工作而發展出強烈的秩序感（Sense of order）。當寶寶隨著您的指示：「接下來，我們要……」邊動手邊思考如何進行下一個步驟時，他會在腦海中將許多獨立的事件有條不紊地依序串連起來，成為一幅結構分明、布局清晰的印象。

此外，當寶寶在您的帶領之下將衣服分別歸類時，爸爸的、媽媽的、寶寶的，毛巾、床單、椅套等不同的項目，會生動活潑地啟動寶寶心中粗淺尚未成型的重點思考能力（abstract thinking），這是寶寶日後在求學過程中讚研書本、吸收知識時，所不可缺少的重要技能。

最後，當寶寶將各式衣物放回不同房間、不同櫃櫥的抽屜之中時，他也能藉此而延展三度空間中，物體與建築物

的相對概念，為日後凡是牽涉到的空間學習，做好課前的準備。

　　親愛的家長們，根據以上我們所列舉的活動，相信您必然不難舉一反三地在生活之中，為寶寶建立各式各樣精采生動的學習經驗，毫不費力地激發寶寶心智的增長，為孩子日後求學過程的成功，預作一個絕不會落空的保證！

需要還是想要？

　　面對著家中這位十分會表達內心喜怒哀樂的兩歲半寶寶，家長們必須學會如何分辨孩子的要求是「需要」還是「想要」，才能恰當地滿足寶寶的心意。

　　寶寶的「需要」，指的是維持身體心靈健康不可或缺的項目，不論是有形或是無形的需要，父母們都務必隨著寶寶的成長，努力加以滿足。反之，「想要」指的是能有最好，沒有也無傷大雅的期望。對於寶寶所「想要」的項目，父母們可加以考慮，在合理的範圍內為寶寶實現他的渴望，但也可因為健康、安全、經濟等理由而予以拒絕。

　　對於有些父母而言，拒絕寶寶的「想要」是一件非常困難的事。他們覺得父母的責任與義務，就是竭盡全力提供孩子的一切需要。並且滿足子女所有的「想要」，屬於這一類型的家長們多半會擔心，一旦他們拒絕了子女的要求，就會失去子女對他們的愛。當父母們因著孩子的憤怒、哭鬧與抗爭而成全孩子的「想要」時，他們正不知不覺地包庇著兩歲半的小小暴君，默許寶寶所使用的要脅方式！

　　一般說來，要能對於孩子的要求設下合理的限制，並

在適當的時候加以拒絕，父母們所須擁有的先決條件，是親子之間堅信不移的愛的保證。唯有在有了這份肯定的愛之後，家長們才能心安理得地以愛為出發點，針對寶寶的「想要」，設下合情合理的限制。

 # 當寶寶使壞的時候

有太多的家長們曾經不只一次的捫心自問：「為什麼拿使壞的寶寶一點辦法都沒有呢？」當然囉，假如真有一帖仙丹良藥，能夠變魔術般地使寶寶立即「改邪歸正」，相信世間父母必定會不計代價與辛苦，怎麼樣也要為寶寶取得這副「規矩藥」，讓孩子能永遠聽話，永不犯錯。

可惜的是，幼兒使壞的原因通常有許多，並且彼此互相影響，關係錯綜複雜，因而要想以一個單一的「標準答案」，來應付寶寶行為的「出軌」，其實是一種相當不切實際，也難以實現的想法。

親愛的家長們，讓我們一同來分析當您因為寶寶「使壞」而和他「對上」的時候，所牽涉到的各種不同的因素。

首先，事出必有因，每一個案件的起因必不相同，所包含的人物也不盡相同。其次，父母的個性，孩子的個性，當事人的心情、感受、想法，甚至於身體狀況都會隨著時間，隨著環境而有所改變。因此，沒有任何一個固定的「公式」，可以完全不經修正，就能反覆地被用於解決寶寶使壞的難題，次次都達到迎刃而解的效果！

在家長們努力將寶寶的行為自「不好」推演到「好」的過程中時，請務必牢記以下三項不變的「定理」：

■ 某位家長所使出有效的「殺手鐧」，如果由另外一位家長有樣學樣，如法炮製地用在同一個孩子身上，可能會完全產生不了任何的作用。也就是說，當寶寶知道「執法者」不是同一人的時候，他可能會立即見風轉舵地「不吃這一套了」。

■ 即使是同一個家庭中的兄弟姊妹，每一個孩子所需要的「藥方」也都不相同，因著排行、個性、性別、年齡等的不同，父母們必須把持著「因材施教」的心態，來處理每一個孩子的行為問題。

■ 一旦時間、空間與前因後果發生了改變，過去曾經有效的方法，可能就會因此而完全失效。

《教子有方》願意忠實地幫助家長們成功地處理寶寶的「壞行為」。根據我們對於兒童發展的科學認知，以及旁觀者客觀的立場，我們將帶領讀者們經由以下所列兩個不同的層面，來探討這個課題。

寶寶使壞是正常的

只要寶寶不是經常性的使壞，言行舉止偶爾的失控其實是人之常情，是值得諒解的。想想看，即使是成人，不是也會時常鬧情緒、說錯話和做錯事嗎？

親愛的家長們，請不要先給自己加諸太多不必要的壓力與自責，當您面對著寶寶壞到無法控制的所作所為時，心中油然而生出的無力感，其實並不離譜，也不嚴重，和您擁有相同心情與感受的父母們其實大有人在。

根據我們的經驗，家長們必須先以一顆平常心來接受寶

寶也有「壞脾氣」的事實，然後才能和平理性地幫助寶寶度過情緒的激流！試試看，您能否以超然的立場和幽默詼諧的感性，來瞧瞧正在使壞中的寶寶，和一籌莫展的自己？要知道，幼兒的心境與行為就像一面晶亮的鏡子般，時時反射著父母的情緒與言行舉止，愈是遇到「狀況」能夠不驚不怒、冷靜輕鬆以對的父母，他們的子女就愈容易整日開開心心、平和愉悅地面對生活中的點點滴滴。

也許您會反問，家長們雖然是成人，但也難免會有情緒失控的時候，身為一位望子成龍、望女成鳳的愛心爸爸或媽媽，更是容易因為寶寶的使壞而氣餒、沮喪、憤怒，甚至於大發雷霆。假如遇到了這種無法一笑置之的情形時，又該怎麼辦呢？

《教子有方》建議您在火爆情緒傾巢而出，或是憂心如焚一發不可收拾時，絕對不可將矛頭指向寶寶，請您務必要使這些負面的情緒經由其他的管道中疏解、分散與消化。您不妨邀三五知心好友傾吐心中鬱積的情緒，或是與情形類似的友人分享困難，然後在您心情恢復緩和與理性之後，再來思考如何糾正寶寶的使壞。

集思廣益，沙盤推演

《教子有方》將自本月開始（詳見下文「寶寶為何行為乖張？」），陸續為家長們介紹各種不同的「御兒術」，幫助您在「事發之前」能夠冷靜地分析與演練每一條「錦囊妙計」，而在真正的「緊要關頭」時，得以迅速地針對當時的狀況，選擇對於親子雙方都是最貼切與最有效的「特效藥」！

寶寶為何行為乖張？

「為什麼我的孩子會這麼調皮搗蛋，愛惹麻煩呢？」、「為什麼不論我好言相勸，或是聲色俱厲，寶寶都還是依然故我地做那些不該做的事呢？」、「到底兩歲多的孩子藉著這些惱人的行為，所想要達到的目的是什麼呢？」

著名的兒童心理治療師德瑞克・魯道夫（Rudolf Dreikurs）早就已經為以上的問題找出了答案，他認為幼兒之所以使壞的目的，有以下四種：

1.博取他人的注意（attention getting）；2.爭取權力（power）；3.洩忿反擊（revenge）；4.無法勝任或是軟弱無助（inadequacy or help-lessness）。這四種目的之中，以第一點「博取他人的注意」算是最輕微的心理問題，逐漸嚴重到第四點「無法勝任」的癥狀時，將導致氣餒、沮喪、失去勇氣與不敢再嘗試等極度的人格困難。

然而，要能清楚地分辨出孩子的不良行為是屬於以上的哪一類，並不是一件容易的事。父母們唯有透徹地掌握住寶寶的「詭計和目的」，才能有效與正確地回應他藉著使壞所傳達出來「非言語性的重要訊息」，針對問題的核心，對症下藥彌補幼小心靈的缺憾，一勞永逸地幫助孩子擺脫「壞孩子」的形象。

相反的，如果父母們所看到的只是表面上寶寶調皮搗蛋的事實，卻忽略了事件背後真正的原因，那麼他們可能會以一些完全無效的方式來回應孩子的行為誤差。最嚴重的後果，是家長們錯誤的處理方式，反而促使寶寶做出更多令人

無法忍受的「壞事」，而使得情況愈演愈烈，一發不可收拾！

因此，我們將在本文中為家長們逐一深入討論德瑞克‧魯道夫（Rudolf Dreikurs）所提出的寶寶使壞四大原因，並且提供您正確的對策，務使家長們能洞悉寶寶小小的心眼，掌握他使壞的動機，再施以正確的援助，帶領寶寶脫離這些心靈的困境！

博取他人的注意

利用製造事端來博取他人注意的孩子，他們認為要成為一個重要的人，就必須時時擁有家人的注意力。

不可否認的，人人都喜歡得到他人的讚許與認可，正面的注意力也的的確確能夠引發許多可貴的成效，人格的自我肯定與提升就是來自於正面注意力最好的範例。對於成人而言，也許我們會利用衣著、首飾、汽車的種類及房屋的裝潢來吸引他人的注意，但是兩歲多的幼兒，則會直截了當地將心事公諸於世，他會不斷地高喊：「看我，媽媽！」、「看我，爸爸！」直到他確實地獲得了父母的注意為止。

有些幼兒會因為他們的良好表現而得到心所渴望的認可與讚美！然而亦有些幼兒唯獨在他們闖禍、搗亂、做壞事的時候才能得到父母親人的注意！親愛的家長們，在此我們願意慎重地提醒您，對於選擇利用使壞來吸引父母注意的孩子們，他們是寧願挨罵、挨罰，甚至於挨打，也不願被父母們冷落與忽視！請您務必要將寶寶的這種想法牢記在心！

〔實例說明〕

現在請您和我們一起來重新推演以下的實例。兩歲的妞

妞原本安靜地在爸爸的腳邊玩著自己的洋娃娃，扮家家酒，突然之間，妞妞將小茶壺砸在地上摔碎了。正在看報的爸爸被驚擾得從沙發中跳了起來，他對著妞妞大吼一聲，而妞妞則跺著小腳痛哭流涕地逃離了現場。

　　首先，假設在妞妞乖巧自得地扮家家酒時，爸爸能夠稍加關心與注意妞妞的一舉一動，而不是不發一言地埋首於報紙之中，那麼以上的情況就不會如此急轉直下，鬧得一發不可收拾。

　　其次，一位「御兒有術」的爸爸，會刻意控制自己的脾氣，避免以激動的情緒和暴躁的言行，引發一場愈演愈烈的家庭衝突。還記得嗎？父母是幼兒的偶像，是他們學習與模仿的對象，父母的情緒更是直接地牽引著孩子的喜怒哀樂。在上述的例子中，因為爸爸從沙發上跳了起來大聲吼叫，所以妞妞也跺著小腳放聲大哭，甚至於當下一次妞妞也和爸爸般在玩耍中被驚擾時，她即會有樣學樣地採取爸爸的方式來表達自己的不悅！

〔錦囊妙計〕

　　在實際的生活中，當您因為寶寶尋求父母注意力的不良舉止，而陷入憤怒的深淵中無法自拔時，請試試以下所列的好方法：

　　■ 成功的第一步，是儘可能地「裝聾作啞」，對寶寶的行為不聞不問，絕對不要讓寶寶的詭計得逞。讓他明白，不良的行為是得不到父母的注意力，然後逐漸自動放棄這個念頭。這是一件說來容易做來難的事，父母需要極力克制住想要糾正與制止寶寶不良行為的衝

動，並以龐大的愛心與耐心，來完成「戒之忍之，按兵不動」的重任。

▨ 切忌疾言厲色地反應寶寶的使壞。「冤冤相報」的惡性循環，絕對要在大人理性的自制之下迅速地中止，這絕對不是一件容易的事，但卻是百試不爽的高招，更是家長們想要成功地教養子女所不可不練就的功夫！

▨ 隨時自我提醒，在寶寶不惹麻煩、不出錯時，多多給予正面的獎賞與注意，舉凡：「寶寶今天真乖，自己玩拼圖，一點兒聲音都沒有！」、「寶寶真好，媽媽打電話時沒有來打岔，謝謝寶寶！」等的誇讚，請您千萬要大方且大量地使用，絕對不可吝嗇。

　　親愛的讀者們，建議您在寶寶下一次「發難」之前，先冷靜與認真地練習以上所述的三條「錦囊妙計」，那麼，相信當您再度聽到寶寶用電話聽筒敲打玻璃窗時，您將不會直覺反應地提高嗓門，而能以另一種更有效、更輕鬆、更心平氣和的方式，來達到成功管教寶寶的最終目標！

爭取權力

　　這一類的孩子喜歡「當家作主」，對於父母的「命令」通常是為了拒絕服從而反抗。

　　此時父母的反應多半只有兩種：第一種是生氣，氣孩子的頑強不聽話，可能也混合了些「我要讓你明白我比較大、你比較小」的想法。當寶寶處在與父母「權力鬥爭」的對峙立場時，他會對於自己所能掌握的「能力」愈來愈有興趣，

即使寶寶偶爾會因抵抗不了父母的「強勢」而敗下陣來，但他仍會愈戰愈勇，鍥而不捨地爭取下一個回合的勝利。

父母們的另外一種反應是「束手無策」不知如何是好。當家長們深深地嘆口氣：「唉！我真是拿這個孩子沒辦法！」或「算我服了你！」時，寶寶即會儼然以一副「小主人」的姿態，利用尖叫、哭喊、大發脾氣等伎倆，來整治他的父母。

〔實例說明〕

在過去這一段時日以來，兩歲的強強總是喜歡和父母作對，不願意「乖乖的聽話」。每天晚上當媽媽說：「強強，我們去睡覺了！」時，強強總是以：「不，我還要玩！」來抗拒服從媽媽的決定。做媽媽的心中當然是十分不是滋味，不但覺得自己無法完全地掌控寶寶的作息，更會因「母權」受到嚴重的挑戰而感到憂心。

〔錦囊妙計〕

■ 當寶寶與父母們「爭奪權力」時，您最能克敵制勝的有效計策就是「以退為進」，不與寶寶發生正面的衝突，更不將權力的爭取白熱化。而當您能使寶寶小小的心眼不再專注於：「聽我的！」這件事上時，一切的問題也就能自然地迎刃而解了。

以強強的例子來說，媽媽可以採取迂迴的方式，在不牽涉「誰聽誰的話」的前題之下，輕鬆地引導強強準備就寢。例如，媽媽可以說：「我們來看看強強會不會自己換睡衣！」在不挑起孩子保衛權力的戒心，不讓寶寶感覺被控制的氣氛之中，達到哄寶寶睡覺的目的。

■ 對於一個追求「權力」的孩子，家長們不妨在合理的情形下賦予一些「權力」，讓寶寶的渴望能夠得到足夠的滿足。例如，您可讓寶寶自己決定他所穿的衣服、所使用的餐具和所閱讀的童書，在適度的範圍內，讓寶寶能體會到「權力」的美妙，並且練習肩負隨著「權力」而來的責任與義務，以及承擔一切後果的決心與勇氣。

洩忿反擊

當寶寶利用明知父母不能同意、不能接受的方式來表達內心的不滿時，家長們所面臨的考驗是不容易應付的。

〔實例說明〕

讓我們一起來瞧瞧恬恬的故事。恬恬是一個心情不好、正在生氣的兩歲幼童，她不開心的原因是媽媽要招待一些重要的客人，所以命令她留在房間裡不許出來。因此，心不甘、情不願的恬恬趁媽媽忙著招呼客人時，偷偷溜出房間，悄悄地走到擺滿鮮花食物及飲料的餐桌旁，用力拉扯桌巾的一角，如狂風掃落葉般地將整個桌面上的餐具器皿全部翻倒在地上。可想而知，恬恬的下場必然是媽媽嚴厲的責罰與處置。

正如所有利用使壞來發洩情緒的幼兒一般，恬恬所採取的行徑是惡意、是粗魯和甚至於野蠻凶暴的，因此，所回收到的反應就是經常被罵、被罰、被責打！這一類型的孩子多半相信自己是不被父母疼愛，令父母討厭的。

〔錦囊妙計〕

愈是自認為自己不好、父母不愛他的孩子，愈是需要龐

大無止盡以及無條件的愛，才能藥到病除地解決他素行不良
的一切問題。

■ 最重要也是最關鍵性的竅門，在於當寶寶洩恨報復及
反擊時，父母能夠不受影響亦不因此而將自己的忿
怒，反轉及回報在寶寶的身上。否則，您將會火上澆
油地使寶寶在恐懼與加深的惱恨中，更加沉淪於復仇
的深淵之中。

要能做到這一步看來似乎十分困難，假設您是上述恬
恬的媽媽，面對孩子如此不堪的行為，您又怎能不生
氣呢？

然而，生氣歸生氣，只要您能在胸中火山尚未完全爆
發之前，設身處地的站在寶寶的立場為他想一想，並
且試著回答：「寶寶是怎麼了？有什麼事情令他如此
的生氣？」這個問題，那麼我們確信您必定能立即
「化悲憤為力量」，冷靜、睿智及成功地將眼前這個
「值得好好修理一頓的小壞蛋」，轉變為「成長中不
知如何自處的心肝寶貝」！

■ 對於任何一個失望、傷心與憤怒的靈魂而言，唯有
愛，無條件的愛，才能撫平一切的情緒起伏。兩歲多
的寶寶也不例外，他雖然以使壞來洩恨，但是他所需
要的是愛心的傾盆大雨，方能熄滅心中的熊熊怒火。

您也許也懷疑自己是否能夠在盛怒之中，控制住翻騰的
情緒，還要表現出真誠的愛心？別擔心，《教子有方》建議
您有空的時候，「事先」多多對著鏡子練習說：「好寶寶，

因為媽媽愛你、關心你，為你好，所以媽媽不能讓你繼續做這些傷害自己也傷害別人的事！」在緊要的關頭時，您只需十分堅持，但滿懷著愛心地利用這種善意的方式，即可力挽狂瀾，將洩忿復仇的寶寶所引發的混亂，由大化小，由小轉無，成功地化解一場家庭糾紛。

無法勝任和軟弱無助

這一類的孩子在心理學上我們稱之為「失去動機」（unmotiva-ted），因為他們內心深處強烈的氣餒與挫折，對於許多有可能失敗的人生挑戰，寶寶會寧願選擇不去嘗試，而不願意經歷萬一失敗之後的沮喪。

〔實例說明〕

佳佳今年三歲。她的語言發展有著明顯的遲滯現象，然而，佳佳在兩歲的時候，卻是一個口齒非常活潑的孩子。在當時，佳佳就像所有兩歲多正在學說話的孩子一般，雖然整天從早到晚說個不停，但是她會說錯很多字，例如，「鏡子」和「橘子」、「公雞」和「果汁」、「洗澡」和「洗腳」……這些都是寶寶常常會弄錯、混淆分不清的字眼。

佳佳的爸爸有著非常認真與負責的個性，他會在寶寶每一次發音錯誤時，不厭其煩、反覆地糾正孩子的發音與咬字。漸漸的，佳佳變得不再那麼愛說話了，到現在，佳佳已經三歲了，她不但咬字發音絲毫沒有進步，甚至當爸爸要求佳佳跟著說出一個新的詞句時，她會擺出一副「小媳婦」的痛苦模樣，緊皺著雙眉，閉住雙唇，彷彿她實在是不會、不行、不懂及完全的無能為力！也就是說，寶寶在利用「無法勝任」為藉口，以「軟弱無力」做擋劍牌，目的是逃避萬一

說錯了之後被糾正的窘迫與羞辱。

〔錦囊妙計〕

■ 如果您不喜歡見到寶寶「裝腔作勢」擺出一副「無能為力，要命一條」的「臭架子」，那麼當您在選擇寶寶的活動項目時，就請儘量顧及到寶寶的能力，千萬不要完全難倒寶寶，務必讓孩子在完成的過程中，得到些許成功的喜悅與滿足！您可以選擇原本對於寶寶就不是太吃力的活動，或是想辦法簡化一些較為困難的遊戲，幫助寶寶重新建立自我的信心。

■ 鼓勵、肯定和讚美！不論寶寶所達到的成果為何，只要他付出了努力，曾經真心地嘗試，那麼父母們請千萬要記得，隨時以行動和言語來回饋寶寶的心血。即便是表面上看來，寶寶真的是失敗得一塌糊塗，家長們不但不能放棄，反而必須更加努力地從中找出寶寶值得嘉勉之處，如此，才能避免寶寶因失去希望而放棄努力！

行文至此，相信親愛的讀者們，必定已對於寶寶使壞的四大原因有了明確和深刻的瞭解。接下來，請讓我們帶領您來學習如何正確地判斷寶寶使壞的動機，以便能恰當利用前文所述的「錦囊妙計」，針對寶寶真正的需要，藉著滿足孩子的心靈，而改善他的言行舉止。

望聞問切為兒診斷

首先，請家長們務必跳脫當事人的處境，要能以旁觀者客觀的立場來看待寶寶的問題，切忌意義用事，庸人自擾！

舉例來說，如果寶寶在生氣哭鬧時，不但對著您拳打腳踢，甚至還咬了您一口，您當時的想法必須是：「寶寶生氣，他打人，踢人，還咬人！」而千萬不能是：「寶寶怎麼如此忤逆不孝大不敬，居然對*我*動手動腳，還咬*我*，*我*是媽媽啊！」

一旦您能夠以超然的立場來衡量整個事件，您即可利用自我剖析的方式，循線找出寶寶使壞的原因。所謂的自我剖析，指的是當寶寶首先發難造成衝突事端時，請您要迅速且仔細清楚地深切反省當時的心境，由此，您才能看清楚寶寶使壞的意圖。

問問自己當時是否覺得：

- 寶寶為什麼總是纏著我，占據我的時間，讓我沒辦法做事，也使得我動不動就生氣責罰寶寶？（寶寶正在博取您的注意）
- 我身為一個母親（父親）的尊嚴與權威受到了威脅與挑戰嗎？（寶寶正在與您展開一場權力爭奪戰）
- 我的感情是否受傷，真正的生氣、憤怒、發脾氣了，而把所有的火氣全部傾洩在寶寶身上了？（寶寶與您正在彼此洩忿反擊）
- 我感覺到完全不知該如何是好，拿這個孩子一點辦法也沒有，拍哄打罵似乎完全無效，怎麼辦呢？（寶寶正以無法勝任和軟弱無助的盾牌來抵擋您的進攻）

結語

　　一位愛兒心切，對於孩子的喜怒哀樂皆感同身受的家長，他在寶寶行為乖戾、淘氣作亂時的心情反應，是檢視寶寶使壞企圖最好的指標！而一旦能將寶寶內心深處的問題刨根掘底地顯露出來，那麼家長們便能隨之運用恰當的計策，來處理寶寶的失控。這一層對於寶寶心態的瞭解，也能在場面激動緊繃時，幫助父母克制自己的情緒，以冷靜客觀及睿智的手腕，帶領孩子修正他的行為，使其成為人見人愛的好寶寶！

# 別忘了小小牙齒的健康

　　如果您的小兒科醫師尚未建議寶寶做一次完整的牙科檢查，而兩歲半的寶寶從出生到現在都還沒有看過牙醫，那麼我們認為您目前的當務之急，就是迅速為寶寶安排一次與牙醫的約會！

　　在美國，大約有50%的民眾唯有在牙疼緊急時，方才尋求牙醫的診治，然而，一個重要的事實是，大多數的牙科疾病都是在幼年時期即種下了禍因，有些原因甚至在成人齒尚未長出來之前即已發生，因此，家長們為了防患未然，必須從小即注意孩子的牙齒生長，才能為寶寶奠定一生的牙齒健康。

　　除此之外，很多人或許還不瞭解的是，牙齒健康也是身體健康、口才清晰、發音咬字標準明確，以及外觀自信笑容迷人的重要基礎！

　　醫學文獻讓我們驚覺到，在當今富足與豐裕的社會之中，五歲以下的幼童患有蛀牙，尤其是俗稱奶嘴牙（milk mouth）和果汁牙（apple juice mouth）的機率，已呈現出驚人的增加趨勢。專家們認為這個現象必須歸因於幼兒斷奶後仍舊吸奶瓶的習慣，以及父母們利用奶瓶提供寶寶糖分含量高的果汁及飲品的結果！

　　當糖分隨著各式果汁、汽水進入口腔中時，原本就存在於口腔中的細菌會開始利用這些糖分來生長、分裂、繁殖，並同時釋放出酸性的物質，久而久之，即會侵蝕牙齒造成蛀牙。

　　一般而言，刷牙是清除口腔細菌（plaque）的好方法，但是五歲以下的兒童畢竟尚且年幼，沒有辦法自己仔細地刷牙，達到清潔口腔的目的。

　　在此，我們願意為家長們補充說明一點，刷牙這個技能並不是一個與生俱備肌肉性的動作（motor skill），而是必須經過學習才能做好的技巧！雖然這種技巧是一旦學會了即永遠不會忘記的，但也正因為如此，當幼兒初次學習刷牙時，家長們務必要確定寶寶所學到的，是標準與正確的刷牙姿勢與方式。

　　在五歲以下的幼兒尚未能完全成功地拿捏自己刷牙的技巧之前，幼兒口腔牙齒的清潔工作百分之百是父母的責任！

　　美國牙醫師協會（American Dental Association）亦建議在飲水及牙膏中添加氟，是有效維護牙齒健康，預防蛀牙的好方法。

　　而最重要、最根本、也是最困難的則是杜絕糖分入侵口腔，也就是向糖果、汽水、果汁說聲：「謝謝，但是我不吃

／喝！」當然囉，我們都知道要阻止幼兒吃甜食、飲甜水是一件多麼不可能的差事，而完全禁止，則可能會造成寶寶愈是得不到就愈想吃／喝的後果。

　　因此，《教子有方》建議家長們以先發制人的方式，在寶寶尚未主動要求糖果和甜水之前，即以事先準備好寶寶喜愛的營養食物，供應寶寶好吃、健康又不會引發蛀牙的三餐與點心。

 ＿＿＿＿＿＿＿＿＿＿ 提醒您！＿＿＿＿＿＿＿＿＿

❖陪伴孩子在生活中學習與成長。

❖在寶寶使壞時，仔細分辨自己的感受，善用正確的「錦囊妙計」，帶領寶寶早日「改邪歸正」！

❖要定期為寶寶安排牙科檢查喔！

迴　響

親愛的《教子有方》：

　　真高興教育女兒的路途中有這份知心的刊物與我相伴。不記得有多少次您們將我內心對女兒成長的感受付諸文字，更加數不清我屢屢因為貴刊的提醒，沒有忽視亦沒有摒棄小女言行舉止中的微妙細節！

　　　　　　　　　　　阮瑪莉（美國阿州）

第九個月

 # 我的家庭眞可愛

　　這是一個如常的日子，傍晚七點鐘，一家人剛剛吃完了簡速的晚餐，爸爸在收拾桌上的碗盤，媽媽在廚房中洗碗。經過了工作崗位上一整天的緊張忙碌和壓力，爸爸現在腦中只想快快地完成手邊的工作，然後泡一杯熱茶，躺在沙發上看電視。媽媽雖然不想看電視，但她也想儘快洗個美容澡後，上網去做一些輕鬆有趣的採購。

　　四歲的凱凱正在爸爸的腳旁繞來繞去，纏著爸爸陪他玩奶奶新送給他的一個玩具鼓。

　　十歲的佳佳下個星期要在學校的音樂會中參加小提琴演奏，她一吃完飯就開始了練習，更是不斷苦苦地哀求全家人共同來欣賞她美妙琴音！

　　對於以上我們所描述的這種家庭畫面，想必大部分的家長們讀來必定不覺得陌生，也許還會有一種彷彿似曾經驗過的感覺。事實上，這些發生在凱凱和佳佳家中，家庭成員生活步調與意念的不同與互相牴觸，在每一個家庭中都是不可避免，一定會發生的！

　　事實上，所謂快樂和諧的家庭，並不表示衝突永遠不會在這個家庭中發生，關鍵在於，這個家庭中的成員必須能在衝突發生的時候，懂得如何成功地去化解與處理。

　　《教子有方》願在本文中，爲您介紹一套許多父母們都曾經試過，並覺得有效的，處理家庭成員摩擦的方法。這套由心理學家革登・湯姆斯（Thomas Gordon）所提出的方法名爲「寵愛的心」（P. E. T., Parent Effectiveness Training），目的

在幫助家庭中每一位成員同心協力，共同解決家庭糾紛與摩擦。

「寵愛的心」鼓勵家長們積極帶領子女共同參與家庭問題的解決過程，以及決策的內容。此外，「寵愛的心」也鼓勵家中的每一分子都能成為優秀的聆聽者，並且培養敏銳感受他人情緒的能力。

「寵愛的心」的主要內容包括了以下五大要項：

■ 機動的聆聽（Active listening）。
■ 問題的主人（Problem ownership）。
■ 解決衝突（Conflict resolution）。
■ 溝通的路障（Roadblocks）。
■ 打開心門的鑰匙（Door openers）。

以下就讓我們逐一來探討「寵愛的心」的巧妙之處。

機動的聆聽

家長必須完全客觀且不帶一絲判斷，有如一面光亮清明的鏡子般，清楚且正確地將寶寶所表達出的問題，毫不打折地完全接收。

所謂「機動的聆聽」，其實就是俗話所說的「有聽也有到」，這與「有聽沒有到」之間是存在有極大的差別的。

一位好的聽眾，雖然可以將孩子所說的話，一字不漏地背誦出來，但是也許並沒有利用「真心」，去體會寶寶話中的涵義。相反的，一位懂得「機動的聆聽」的家長，可以利用寶寶的話語，架設出一道跨越親子心靈的溝通橋樑，從

寶寶說話時的聲調、表情和日常生活中的蛛絲馬跡，透徹地「聽懂也聽到」了寶寶所想表達的思想。

〔實例說明〕

以下讓我們一同來聽一段發生在廚房中的親子對話，以便更加瞭解「機動的聆聽」所包含到的許多重要因素。

凱凱：「我討厭媽媽！」

爸爸：「凱凱，是不是發生了什麼令你不高興的事？」

凱凱：「媽媽不喜歡我！」

爸爸：「來，凱凱，告訴爸爸發生了什麼事？」

凱凱：「媽媽說我不可以在她打電腦時玩奶奶送我的鼓。剛才我打鼓，媽媽叫我到廁所裡去不准出來！」

爸爸：「凱凱，我們來想想這件事該怎麼辦？媽媽今天上了一天班很累了，她想安安靜靜做一點事，不喜歡有人吵她。明天早上爸爸晚一點去上班，陪你打鼓，到時候隨便你敲得多響都沒關係，好不好？」

凱凱：「好啊，好啊，我們明天吃完早餐就打鼓，太好了！」

〔刮目相看〕

由以上的對話中，我們不難看出凱凱的爸爸是一位懂得「機動的聆聽」的家長，他在聆聽孩子傾訴的過程中，並沒有選擇被動死板的「收音」，反而採取出動且立即回饋的方式，逐步帶領寶寶從一開始不著邊際的抱怨（「我討厭媽媽」），慢慢說出問題的核心（「我打鼓，媽媽叫我到廁所去不准出來」）。

在成功的「機動的聆聽」過程中，凱凱的爸爸巧妙地避免了訓斥和說教（如「凱凱，不可以討厭媽媽」），因為這

會阻斷寶寶繼續敞開心門與爸爸溝通下去。

問題的主人

這是「寵愛的心」最關鍵的一個重要元素！誰才是問題的主人？是父母？是孩子？還是親子雙方共同擁有這一個問題？

〔當父母是問題的主人時〕

舉例來說，如果爸爸覺得自己一個人待在廚房洗碗太無聊、太苦悶，那麼這個問題就單純的只是爸爸自己一個人的，當爸爸可以認清這個事實時，他自然可以決定應該如何來解決這個問題。

再以上文凱凱與媽媽之間的爭執為例，媽媽渴望在晚餐後擁有一段安靜的網上購物時間，但是家中其他成員卻不一定擁有共同的想法。

〔錦囊妙計〕

當父母是問題的主人時，最好的解決方法是，父母必須切忌將孩子當作代罪羔羊，承擔所有的過錯，同時並學會利用以「我」為開頭的口信，來闡述自己的困境。

以「我」為開頭的口信，可以幫助家人以瞭解與支援的心態來主動幫助爸爸解決他的問題。假若您是家人，對於爸爸命令與攻擊性的抱怨（如「佳佳快點過來幫爸爸洗碗，吃完飯碗筷一丟就溜走了，真是太不像話！」）和平舖直敘地述說（如「我覺得吃飽飯一個人關在廚房洗碗是一件十分痛苦、十分寂寞的事。」），您是否會因為後者以「我」為開頭的口信，而比較容易自動走進廚房幫爸爸洗碗？

同樣的，媽媽可以用：「我如果聽到很多吵鬧的聲音，

就沒有辦法專心在網上購物。」來取代：「凱凱不准打鼓，你吵得我都沒辦法做事了！」這麼一來，凱凱就不會為媽媽的問題「揹黑鍋」了。

〔當孩子是問題的主人時〕

上例中凱凱想和家人們一起玩奶奶送他的鼓，但是似乎並沒有任何人有此意願，這個時候，凱凱就理所當然是問題的主人了！

〔錦囊妙計〕

此時父母所能使用最好的解決方式，就是以前文所述「機動的聆聽」（詳見「機動的聆聽」實例說明），來回應孩子的抱怨。

〔當父母和孩子共為同一問題的主人時〕

假設佳佳堅持要求媽媽放下手邊的工作，專心聽她練習鋼琴，而媽媽為了爭取些許清靜，也堅決禁止佳佳在晚飯後練琴，那麼此時親子雙方即共同為問題的主人，也就是說，媽媽和佳佳已經正式發生了衝突，正面地「對上」了！

〔錦囊妙計〕

請詳見下文「解決衝突」。

解決衝突

一般說來，發生於親子之間的衝突通常會有以下三種的解決方式：

■ 父母贏，小孩輸。延續上述凱凱和媽媽之間的衝突為例，假如媽媽說：「凱凱，你一定要學會不再製造噪音來干擾家人，媽媽現在沒收這個鼓，你回到自己

的房間不許出來,而且一個星期不許玩任何其他的玩具!」那麼,媽媽以她獨尊的立場,必能在眼前贏得全勝。然而,這種勝利通常只是短期的有效,並且會引發未來更多、更尖銳、更火爆的對立和衝突。

■ 小孩贏,父母輸。這種情形多半發生在父母對子女過分包容的家庭中,此時媽媽會說:「唉!既然凱凱現在這麼想玩打鼓,那麼我今天就只好不上網購物了。」這時雖然父母必須做出極大的退讓和犧牲,但是對很容易被寵得「無法無天」的孩子而言,卻不見得是一件好事!

■ 親子雙贏。以互相商量和討論的方法達到共識,在沒有輸家的情形之下和解。例如,媽媽可以溫和地和凱凱商量:「凱凱,你想打鼓媽媽知道,可是媽媽現在不想聽這麼大的聲音,你可不可以和我一起來想想看,我們現在該怎麼辦呢?」

如果凱凱一時之間提不出答案,那麼這時媽媽可以提出一個協議:「這樣好了,媽媽關上書房的門,凱凱你到外面小聲一點打鼓,那麼媽媽在書房中上網就不會聽到鼓聲,凱凱也可以玩打鼓,你覺得這個主意好嗎?」

親愛的家長們,您一定同意以上三種方法之中,第三種雙贏沒有輸家的方式,是最高明也是最令人滿意的。然而,要能成功地使用這種方法,先決的條件是父母必須能夠放棄自己一定要贏的想法,並且降低姿態,放下身段,和寶寶站在平等的地位上,共同來商討解決之道。此外,一旦協議達成時,親子雙方都必須努力遵守,尤其是父母們不能利用身

為父母的特權而「偷跑」或「賴皮」！

溝通的路障

此處所指的是表面聽來平和有理，實則語中帶刺，包含著羞辱、中傷、人身攻擊和指控等傷害心靈的陳述或聲明。這種溝通的路障，多半來自於父母在盛怒時「口不擇言」的批評！例如，媽媽說：「凱凱你打鼓這麼*難聽*，可不可以小聲一些？」爸爸說：「佳佳你真是*自私*，看到爸爸一個人在廚房中洗碗，也不過來幫忙！」

溝通的路障不僅會阻斷親子溝通的管道，更會嚴重地傷害寶寶幼小的心靈，戕害孩子人格的成長。

〔錦囊妙計〕

不要在事發當時，親子雙方情緒仍然激動的當兒，糾正寶寶的過錯！親愛的家長們，請您務必對自己，也對寶寶許下一個承諾，一切的大道理，都要保留到大人、小孩的情緒都已完全平復，百分之百不生氣的時候，才能慢慢的說給寶寶聽。如此，才能既可避免大人「口出毒箭」，更可幫助寶寶在理想的情況下，有效地學會您所想教育他的道理。

打開心門的鑰匙

打開心門的鑰匙與溝通的路障正好是相反的，不但能促進親子雙方暢通無阻的良性溝通，更能提升孩子的自信心！只要是出自父母口中，能夠幫助寶寶更加自由、更加開放地與父母溝通的話語，我們都稱之為「打開心門的鑰匙」，其中包括了不具判斷性的聲明，不牽涉對與錯的問題，以及真心誠意的回應。

例如，「佳佳今天練琴怎麼總是出錯，你是不是有什麼心事，願不願意說給媽媽聽？」這時佳佳會因為父母的鼓勵，而勇敢地搜尋自己的問題根源，並且追求完美的解決之道。同時，佳佳也在整個過程中，因為自己尋找問題之所在，自己找出解決之道，而更加懂得如何為自己負責，更有自信，也更加提升了正面的自愛與自重。

整體說來，「寵愛的心」的特色在於子女有機會共同參與解決問題和作決定，而父母則以非判斷性的立場，機動地聆聽孩子的想法和感受。

除此之外，親子雙方都需要敞開心扉，以「我」為開頭的口信主動地對家人表達自己的意願，如此，問題的主人才能大方地肩負起自己的責任，而旁人也才能積極地參與和協助。

「寵愛的心」這一套解決家庭成員衝突的方法，能幫助父母將身處於狂風暴雨的一家人，領到風平浪靜的港灣，較之於其他的方法，不僅更加有效，也更加輕鬆有趣。親愛的家長們，您願意放心地試一試嗎？

清楚地說，明白地聽

《教子有方》曾在寶寶十六個月大時，為家長們介紹過被接收的語言（receptive language）和表達出的語言（expressive language）的意義（詳見《一歲寶寶成長軌跡》「說來容易聽來難」）。要能切實地瞭解與檢視寶寶語言的發展，家長們必須先對於以上這一進一出兩種不同類型的語言，有著足夠程度的認知。

在語言的分類中，一個人耳朵所聽到的語言，是屬於「被接收的語言」，而從口中所說出來的，則是「表達出的語言」。

一般而言，兒童接受性語言的發展總是比表達性語言的發展要快！也就是說，一個孩子能聽得懂的話語，絕對要比他所能說出口的話語要多得多。

以下我們為家長們將一般兩歲多的兒童的語言發展，根據接收性與表達性分別歸納整理出來，作為您評估寶寶語言發展的參考與指標。

兩歲寶寶的「被接收的語言」

- 從行為中自然流露出聽懂了大人的話語。例如，當您問寶寶：「你的蘋果可不可以給我咬一口？」時，他會很大方地將手中的蘋果伸到您面前表示「沒問題」，或是立即將蘋果藏到身後，表示：「那怎麼可以！」
- 知道大與小之間的差別。寶寶絕對可以從一盤好吃的點心中挑出一塊最大的給自己。
- 對於日常生活中常用的動詞和形容詞，已經能懂得一大半了。
- 已能聽得懂一些既長又複雜的句子。例如，寶寶也許已能聽明白以下的句子：「乖寶寶，我們現在要出門，如果不下雨的話，我們可以去小公園，如果還在下雨，那我們就到百貨公司去逛一逛。」
- 非常喜歡一邊翻看圖畫書，一邊聽大人為他唸其中的文字與故事！寶寶已能將插圖中的細節一一看得分

明，且了然於心。

▨ 寶寶喜歡聽收錄音機或磁碟機！他甚至已經學會如何調整音量，表示他的聽覺是十分的靈敏與正確。

▨ 活靈活現地模仿周遭人物的喜怒哀樂。

▨ 當有人問寶寶哪一個是方形，哪一個是圓形或三角形時，他能夠迅速又正確地指出這些基本的幾何圖形。

▨ 懂得粗淺的因果關係。例如，當有人說：「咦！怎麼轉眼天就黑了？」時，寶寶會自動跑去打開牆上電燈的開關，使屋內不再那麼黑暗。

兩歲寶寶的「表達出的語言」

▨ 用第一人稱「我」，而不是寶寶的名字，來代表他自己。

▨ 在對話中正確且自由地使用「你」、「我」、「他」等代名詞。

▨ 已經學會了幾首簡單的童謠，如「三輪車」、「兩隻老虎」。

▨ 能夠正確地說出至少一種的顏色。

▨ 正確地覆誦兩個以上的數字。

▨ 當有人問寶寶：「你是男生還是女生啊？」時，他會毫不遲疑地說出標準答案。

▨ 正確地報出自己的姓和名。

▨ 能夠說出由三個字，甚至於四個字所組成的句子。

▨ 當獨自玩耍時，會有條不紊、中規中矩地自言自語。

▨ 心急或激動時，偶爾會發生口吃的現象。

▨ 將相反字／詞混合使用，如冷／熱、開／關、上／

下、前／後等等。

■ 利用「為什麼？」、「哪裡？」、「這是什麼？」等
詞句來發問。

再談大小便訓練和尿床

每一個孩子或早或晚，都要學會如何上廁所。排便的訓
練通常較排尿的訓練完成得早，一般而言，大多數孩子在兩
歲之前都已能學會坐在馬桶上「大號」。

排尿的控制有兩種不同程度的訓練，一是清醒時的控
制，另一則是熟睡中的控制。大致說來，女孩子多在兩歲之
前即已能在白天清醒時控制排尿，而男孩子則需要多花幾個
月的時間。

在此我們想要強調的是，每一個孩子發展排尿控制的速
度皆不相同。根據統計，能夠達到熟睡中自我克制不排尿的
孩童，五歲以下的有90％，三歲以下的有75％，而兩歲以下
的則只有50％！也就是說，有四分之一的孩子在三歲之前仍
會尿床，父母請以平常心看待，假以時日，寶寶必能成功畢
業。相反的，等到寶寶五歲之後，如果他仍時常尿床，那麼
您就必須即早尋求小兒科醫師的診斷與協助。

當寶寶尿床時

一個不滿三歲的幼兒如果半夜尿床了，是不應該因此而
受到任何責備或處罰的。事實上，伴隨著責罰而來的緊張不
安與焦慮，很容易引發孩子再一次的尿床！請父母們千萬不
要讓寶寶感受到您的擔憂和掛慮，除非寶寶自己覺得尿床這

件事令他不舒服，否則最好的對策，就是以不變應萬變，直到孩子慢慢長大不再尿床為止。

　　除此之外，以下我們為您列出一些「技術性」的建議，也許能夠幫助寶寶早日不再尿床。

　　■ 調整寶寶喝水、喝奶和喝湯的習慣，儘量避免寶寶在臨睡前喝太多的水，當然囉，家長們必須根據實際情形斟酌的處理，不可禁止寶寶口渴喝水，而導致缺水虛脫。

　　■ 幫助寶寶養成臨睡之前排尿的習慣，不論寶寶當時想與不想，家長都應鼓勵孩子去上一次廁所，出清膀胱中的「存貨」。

　　■ 如果家長就寢的時間晚於寶寶入睡的時間，那麼家長們不妨在自己就寢時，喊醒寶寶帶他再上一次廁所。

吃 手

　　孩子吃手，是一件令父母們極為頭疼的問題！

　　人類的小嬰兒從一出生就具有吸吮的本能，在生命初期有好幾個月的時間，小嬰兒就是靠著這種吸吮，才能取得來自於母體或是奶瓶的營養。

　　除了滿足嬰兒生理上的需求，吸吮也為小嬰兒帶來安全感、舒適感和愉悅感！小嬰兒喜歡把他能夠拿得到的東西塞進小嘴中吸吮，舉凡小毯子的一角、玩具和自己的大拇指，都是嬰兒喜歡吸吮的對象。

　　對於幼小的兒童而言，吸吮可以讓他們聯想到被抱在父

母懷中溫暖的感覺，和食物所帶來的飽足，因此吸吮可以爲幼兒營造濃濃的、心滿意足的感覺。統計結果也發現，會吃手的兒童，對於生命的看法與態度通常較爲輕鬆，也較爲沉著與安詳。

幼小的兒童也經常利用吃手來減低各種的壓力，當孩子在疲倦、緊張、著急、慌亂時，往往也是他最容易吃手的時刻。

大多數的孩子會自動在大約三歲半以前停止吃手，但也有些孩子會持續到四歲以後仍然不改吃手的習慣。嚴重的時候，寶寶會因爲長期大力的吃手，而使得小手長出了老繭，口腔上排的牙齒朝前暴出，而下排的牙齒則整排向內傾倒。

雖然牙科醫師們一般認爲幼兒牙齒前傾或後倒，並不會太嚴重地影響到恆久齒的發育，但是有心的父母們仍應即早與牙醫師討論，以免寶寶因吃手而造成日後的口腔問題。

有許多的家長們會問，有沒有什麼方法能使寶寶提早改掉吃手的習慣呢？當然囉，街坊鄰居、親朋好友都會說：「試試給寶寶戴個手套或手指頭上塗辣椒。」這些方法大體來說，對某些孩子是有效，但是對某些孩子則完全起不了作用，而許多孩子也會在「魔咒」消失之後，又再度開始吃手。

其實，對於一個在疲累或焦躁不安時會吃手的孩子來說，想辦法不讓孩子吃手只是治標，父母們如果能夠專注於如何減少寶寶需要吃手的原因，才是一勞永逸徹底治本的好方法。

親愛的家長們，如果您兩歲多的寶寶也吃手，請您千萬不要心急得想要幫寶寶「戒」吃手，只要耐心等到有一天寶

寶自己決定不要再吃手的時候，他很可能會說停就停地突然之間再也不吃手了。而當寶寶顯露出想要自動棄絕吃手的意願時，父母們如能以溫和的言語鼓勵與肯定孩子的努力，亦會幫助寶寶更加迅速地度過這段「轉型期」。

總括而言，什麼時候該幫助孩子戒吃手，實在是一個必須完全因人而異的答案。有許多小兒科醫師認為，除非吃手的習慣已經嚴重地影響到寶寶身體與心靈健康的發展，否則對於四歲以前的孩子通常是不需要刻意去糾正，或禁止他吃手的「癖好」。

注意力三級跳

您是否曾經有過一種經驗，那就是當您眼睜睜地讀完一段文字之後，大腦之中卻完全不明白自己到底讀了些什麼？雖然您認得文章中的每一個字，但是對於這些文字所串成的句子，卻無法產生任何的交集？

相反的，您是否也曾經在瞄了一眼一個重要的電話號碼之後，即牢牢記在心裡，再也沒有忘記過？

人類的注意力是有分等級的，擁有高級注意力的人，不論是求學或做事，似乎都較為省時和省力。身為父母的您，如果能夠為寶寶培養出高人一等的注意力，那麼這將會成為孩子未來一生中一項受用不盡的珍寶。以下讓我們先來探討一下注意力的四個不同的級數。

初級注意力

這一種層次的注意力又可稱為「心不在焉」的注意力

（unfocused attention），在幼小兒童的身上是屢見不鮮的。

有許多當您覺得寶寶是在敷衍您的時候，其實正是他「心不在焉」的注意力最好的寫照。表面上看起來，寶寶似乎是安靜地在聽您對他說話，但實際上，他的心思卻正在別處遨遊，他也許正被窗外吱吱的蟬鳴吸引著，也許正在作著白日夢，而對於您對他所說的話，卻是只聞其聲，完全不知其意。

再舉例來說，當您興沖沖地在寶寶面前攤開一幅拼圖時，他也許會先興味十足地將拼圖迅速地掃瞄一遍，然後立即表現出「這真是一件索然無趣、令人厭煩的玩具」的模樣！

中級注意力

這種注意力又稱為「隨心所欲」的注意力（focused, impulsive attention），代表著寶寶對於一件事十分隨興和衝動的注意。舉例來說，寶寶會專心且堅決地試著將一樣玩具塞進一個開口太小的容器中，雖然不成功，但寶寶卻能心無旁騖地專注其中。有的時候寶寶會在您的問題還沒問完之前，即說出一大串的回答，他會完全專注於自己的答案之中，而沒有注意到您已起身離去。此外，寶寶也可能會在聽您說：「寶寶可不可以到廚房……」時，即拚命往廚房裡衝了過去，連您要他去廚房做些什麼事都還沒有聽清楚哪！

高級的注意力

這是一種「有效的注意力」（Active attention），當一個人全神貫注、專心一意地只想著一件事，即使是在想不通的

時候，仍然會不放棄地繼續鑽研，這就已經算得上是層次相當高的注意力了。

假設當幼兒以「有效的注意力」來玩一個拼圖時，您應該可以看出寶寶與拼圖之間的互動是十分有效率的。他會拿起一塊拼圖試一試，如果不成功，他會翻轉拼圖的方位與角度，繼續嘗試，如果仍舊不成功，寶寶會不會就此放棄不玩了呢？放心，您的寶寶不僅不會輕易放棄，反之，他會改換另外一塊拼圖再接再厲，努力不懈，直到他拼出正確的圖形為止。

不可否認的，一個擁有「有效的注意力」的人，必定是個能夠在人生旅途中披荆斬棘、過關斬將的強者。而要能擁有這種程度的注意力，所必須具備的先決條件，就是遇到困難能夠懂得如何旁徵博引、尋找解答的能力。

頂級的注意力

這種最高層次的注意力，又稱為「思考式的注意力」（reflective attention），表面上看來，旁人可能會以為這個沉浸於思考式注意力中的人，不知心裡在想些什麼？不知腦中在動些什麼主意？以上述玩拼圖的幼兒為例，寶寶可能會先花一段時間，深深地注視著十二片相似的拼圖，而不採取任何的行動，但是此時他的思想卻是專注而忙碌的，他會先在腦海中試著決定正確的選擇，採取一種類似於「不鳴則已，一鳴驚人」的模式來完成他的任務。

以上這四種不同層次的注意力，會在每一天之中不同的時間，交替地出現在每一個人的生活之中。以成人為例，想想看，您是否也是有時會神遊太虛，大作白日夢；有時會

與人雞同鴨講、牛頭不對馬嘴地應對；有時會莽莽撞撞地把事情愈做愈亂；有時又三思而行，手到擒來呢？寶寶也是一樣，依照他當時的心情、體力和對一件事的興趣，他所使用注意力的層次也必然是不同的。

當然囉，愈是高級的注意力，愈是做學問的好幫手！相信父母們也都願意子女時時擁有頂級的注意力，以便在求學的過程中，能如順水行舟般勇往直前，進步神速！

培養「專心寶寶」

以下是《教子有方》為家長們所列出能夠增進寶寶注意力等級的方法：

■ 在寶寶學習或是玩玩具的時候，家長們不妨儘量幫助寶寶選擇他有興趣的項目。可想而知，孩子對於他認為單調無趣的事務，必然是提不起勁來，並且容易注意力渙散，以「虛情假意」的方式來敷衍一下，點到為止，接著便不再繼續了。

■ 家長們同時也必須注意到寶寶工作、學習或玩耍的對象，難度是否適中：不可太容易，要具有一些挑戰性，這樣寶寶才容易保持高度的興趣；但是也不可太難，如果孩子表現出受挫困窘的情緒反應，和不斷地重複一些呆滯無效的動作時，那麼父母也許應該考慮為寶寶更換一個較為簡單的活動，或是主動伸出援手，幫助孩子走出學習的低潮。

■ 隨時隨處仔細觀察寶寶的表現和尊重孩子的感受。如果寶寶的身體太累了，或是專心太久精神困乏了，他

的注意力必然會開始節節下降，細心的家長們應能即時中止寶寶的腦力活動，以免繼續下去，寶寶會因無法負荷疲累的壓力，而開始顯得浮躁不安和混亂不知所措。

一般而言，對於成長中兒童最合適的方式，就是多多安排短時間的精采活動，見好即收，避免長時間的苦撐，而導致前功盡棄、敗興而歸。

▨ 以身作則，為寶寶做行為的榜樣！不論您希望寶寶如何做，都請您親自為寶寶示範幾次。延續上述拼圖的活動，在寶寶的思路已經因為無法成功而「卡」住的時候，家長們不妨適時伸出「援手」，為寶寶現場實景「表演」一下，您是如何「思路細密」地將一塊拼圖正確地擺入圖形之中。

▨ 同時，也請家長們要「動手且動口」地為寶寶逐步解說每一個步驟的原因：「來，寶寶你看，媽媽試試看這塊拼圖是不是在這個位置，它身上的紅色花紋也許就是這隻蝴蝶的翅膀！」如此，家長們可以教導並帶著寶寶一起練習「思考式的注意力」，技巧地轉移了寶寶使用嘗試錯誤（「隨心所欲的注意力」）的衝動與習慣。

▨ 接下來，您可以鼓勵寶寶也「有樣學樣」地親自動手試試看，也就是說，您要鼓勵寶寶「先動口」說給他自己聽：「這塊積木有一邊是平的，可以放在旁邊！」然後「再動手」實際地比劃一番。

請家長們此時先不急著糾正寶寶「自導自演」時語法的錯誤，一方面眼前的重點不在於此，另一方面，

寶寶很有可能會因為被糾正而膽怯、不好意思和怕麻
煩，乾脆選擇不再開口，繼續保持沈默。

▊ 讓寶寶以他自己的速度和方式來進行他的任務！對於
一個孩子而言，要在注意力的領域中從初級進階到頂
級，是需要花一些時間、一些學習和一些練習的。不
論家長們心中是多麼的求好心切，多麼的願意傾囊相
授，都請保持冷靜，拿出「觀棋不語真君子」的愛心
與風度，尊重寶寶的成長，陪伴他、守護他，但不打
斷他，鼓勵寶寶獨立自主地闖出自己的康莊大道。

▊ 別忘了鼓勵寶寶、讚美寶寶，做一名忠實且成功的啦
啦隊員，不論寶寶這一次是否完全成功，他的努力和
進步都是不容忽視和值得稱許的。

▊ 當寶寶失敗時，請家長們絕對不可以生氣，要知道，
您的怒火不但無法幫助寶寶，反而會增加寶寶日後失
敗的機會。

▊ 最重要的，是要保持輕鬆愉快的好心情。不論是大人
還是孩子，都應該是興味十足、樂此不疲的，如此，
寶寶才能在一個高度活潑有趣的學習環境之中，一步
一步地發展出更加高級且寶貴的的注意力！

大聲哭沒關係

一個傷心哭泣中的兒童，會令任何人都會覺得心煩意
亂不知所措。一般人直覺的反應就是快點摟住這個孩子，哄
哄他，然後對著孩子反覆地說：「別哭，別哭，沒事了。」
或「不要緊，別哭了」，或是「寶寶要勇敢，不可以再哭

了！」等阻止寶寶繼續哭下去的話語。

　　然而，家長們這些自以為是關心寶寶、教導寶寶的善意，卻並不是最妥當的！當孩子聽到您說「別哭了」時，他幼小心靈中的感受是「我的傷心難過大人不相信、不接受，認為是沒有必要的！」因此，您的好心所得到的回報，往往會是孩子更大聲、更激動、更加委屈的哭喊！寶寶會繼續不斷地努力證明「那件令人傷心的事，是非常值得大哭一場的」。

　　《教子有方》建議家長們不妨試試另外一種方法，與其急著想止住寶寶的哭泣，何妨對孩子親切地說：「媽媽知道寶寶摔破了膝蓋，好疼，好痛，你一定很想哭！沒關係，讓媽媽抱著你哭，等到不痛了再不哭！」您可能會發現，往往當寶寶得到放聲大哭的「特權」時，他反而會突然地不再哭了。想知道為什麼嗎？答案很簡單，即使是幼小的兒童，也能敏銳地感受到，在父母「允許」他繼續哭的那一剎那，他也擁有正視內心情緒的自主權、紓發情感的自由，和來自於親人真誠的瞭解與安慰！

　　家長們的工作，是幫助孩子面對自己的傷口，找到使創痛癒合的「良藥」，並且陪伴孩子度過這段療傷的過程。孩子是否能很快地停住不哭其實並不是重點。

　　在生活之中，我們隨時隨處可以很自然地聽到：「愛哭鬼」、「哭寶寶」等嘲笑、譏諷、不同情亦不鼓勵的字眼。很不幸的，這些大家習以為常的「安慰」，卻不能提供寶寶所最需要的自我認同。

　　每一個生命都必須能夠清楚地看到自我的寶貴價值與存在意義，並且必須早早地懂得「感覺」是沒有對與錯的，

「感覺」是發乎自然的反應，我們要學會面對與尊重自我的「感覺」，然後才能正確與明智地處理這份「感覺」。

　　因此，親愛的家長們，當您心愛的寶寶下一次又因為跌倒、害怕、膽小或失落等種種不適的「感覺」而哭起來的時候，請您在「伸出援手」之前先深深地吸一口氣，靜止兩秒鐘，提醒自己在此時最能幫助寶寶的作法，是以無限的愛心與包容來接受寶寶的「感覺」，對寶寶說：「哭出來，沒關係，等到不痛了再不哭！」

 _____ 提醒您 ！ _____

　❖邀請寶寶一同來解決問題。

　❖別為了寶寶尿床而生氣喔！

　❖記得要對寶寶說：「大聲哭，沒關係！」

迴　響

親愛的《教子有方》：

　　我能夠藉著閱讀《教子有方》而知道，孩子的成長是完全按照正常的進度，這實是一件想來就覺得放心和舒坦的事！

　　《教子有方》每個月的內容就像及時雨般，以豐富的知識滋養著我們的生活！謝謝您們！

柯梅（美國紐約洲）

第十個月

十八般武藝樣樣學

兩歲十個月大的寶寶最喜歡做的事，就是在自己的小天地中學習各種新鮮有趣的事物。只要有人能夠給予寶寶一些耐心與正確的引導，他將會像塊海棉般，渴切地吸收，不停地學習！

身為家長的您，此時所肩負的任務是重要卻輕鬆的。蹲下身來，跟隨著寶寶好奇且正四處張望的眼光，您是否能找到吸引寶寶興趣的目標？牽著寶寶的小手，慢條斯理地為寶寶解說、示範，以有趣好玩的方式漸進地將寶寶教會。

《教子有方》鼓勵家長們就從自己的家開始，將各式各樣的「花招」和「把戲」逐一教給寶寶。以下我們先為您起個頭，以小小科學家、小小雕塑家及小小藝術家三個不同的主題，幫助您為寶寶開啟踏入知識殿堂的大門。

小小科學家

這是一個既簡單又有趣的科學試驗！

先利用最傳統的長方形多格製冰容器，在冰箱的冷凍庫中做好一盒冰塊，推一張平穩的椅子在冰箱前面，幫助寶寶安全地爬上椅子站好，打開冷凍庫的門，先讓寶寶感覺到迎面撲來的冷氣，然後鼓勵他伸出小手，將製冰盒取出。當寶寶的小手，因為碰到冰盒而冷得受不了縮回去的時候，家長們可將事先已為寶寶準備好的手套拿出來讓他戴上，鼓勵寶寶再試一次，將冰盒取出。

關上冰庫的門，脫下寶寶的手套，請您和寶寶一同坐在

他的小桌子前。首先，請您讓寶寶摸一摸冰盒中凍得堅硬的冰塊，然後，請您翻轉冰盒讓寶寶看一看：「咦！冰塊怎麼不會掉出來呢？」如果家長們此時願意更進一步地讓寶寶學得徹底和盡興，還可以另外再用一個同樣的製冰盒，在其中裝些清水，然後問寶寶：「試試看，把你的冰盒倒過來……哇！水怎麼全部都流出來了啊？」如果寶寶願意，您還可以多重複幾次以上實驗組（冰塊）和對照組（清水）之間的差別。

找一個寬大的塑膠容器（水盆、茶盤或餐盒皆可），將上述製好的冰塊一塊一塊地取出倒入其中，鼓勵寶寶自由隨意地玩這一堆冰塊。摸一摸，舔一舔，像玩麻將牌一般左右推一推，疊羅漢般搭得高高的……任由寶寶的想像力無止境地揮灑，在冰塊還沒有完全溶化之前，盡情盡興地沉浸在這個特別的玩具世界中。

小心翼翼地裝一杯燙水，不要讓寶寶來碰這杯燙水，但是要邀請寶寶一同來觀看「冰塊洗熱水澡」的盛況！輕輕地將一塊冰塊滑入燙水杯中，帶著寶寶聽冰塊崩裂的響聲，用小手感覺杯中升起的水蒸汽，仔細地觀察冰塊在水中迅速地溶化、變小，到最後完全消失得無影無蹤。

「怎麼辦？我們的冰塊怎麼不見了？」和寶寶討論一下對策：「到哪兒去找冰塊呢？」等到杯中熱水的溫度降至室溫時，問寶寶：「我們來試試重新做一些冰塊好嗎？」教寶寶如何小心不潑灑地將水杯中的水倒入空的製冰盒中，讓寶寶站在椅子上自行將裝滿水的冰盒放回冰庫中，關上冰箱門：「冰塊玩得太累了，讓它回家休息一下，睡一個午睡，等會兒我們再來找它玩！」

在進行以上這項科學實驗時，家長們請隨時把握兩項原則：

■ 不停地為寶寶清楚解說每一個步驟。例如，「手伸進冰箱好冷喔！」、「瞧，冰回到冰箱裡休息一陣子又變回冰塊了！」寶寶目前當然還無法完全瞭解您所說的每一件事和所教導的每一項道理，但是對於固體、液體、結凍、溶化等概念，卻是擁有了紮實的體認。

■ 不時地提出一些簡單的問題，例如，「咦！冰塊怎麼開始滴水了呢？」等個幾秒鐘，如果寶寶不主動提供答案，您也可以誘導式地說：「寶寶你覺得呢？為什麼冰塊會滴水呢？」而當寶寶一旦打開「話匣子」開始回答時，他也會很自然的提出一些問題，此時請家長們務必用最簡單、寶寶最容易懂的方式，正確中肯地來回答他的問題。例如，「冰塊熱了就變成水」、「水在冷凍庫中久了就會變成冰塊」、「寶寶的小手如果在冷凍庫中久了也會變成冰塊喔！」

小小雕塑家

廢物雕塑是一項在每個家庭中都可以玩，而且是十分有趣的益智活動。

首先，找一個清潔的容器（菜籃、空的紙箱，甚至於一個大的鍋子都可以），到家中的每一個房間去蒐集一些「明顯的廢物」，捲筒衛生紙的中軸紙筒、透明膠帶的空骨架、用盡的線軸、碎布、新衣上剪下的標籤商牌、拆開的包裝紙、一小塊廚房用的鋁箔、空的紙袋、零散的緞帶、鬆緊

帶、橡皮圈、糖果紙、空的茶包、小貝殼、小石頭、損壞了的錄音帶盒子、統一發票、麥當勞午餐殘存的吸管……等，都是值得網羅的好材料。

讓寶寶大大方方地坐在您所蒐集的「廢物」前面摸索一陣子，觀察一陣子，整理一陣子！每當他拿起一件物體細心地研究時，家長們可在一旁柔聲地發問：「寶寶知不知道這是什麼啊？」當然囉，寶寶必定會提出一些似是而非、令人發笑、甚至於荒謬傻氣的答案，但是請您必須要忍住笑意，正經八百、禮貌且尊重地給予孩子最恰當的回應。您可以說：「嗯，媽媽怎麼沒想到呢？」同時還可加上：「寶寶知道嗎？這個蝴蝶結其實是……」

利用這種一問一答的方式，家長們可以訓練寶寶組織思考的能力，並且培養孩子豐富的想像力和無止境的創造力。

附筆添加一句，擁有環保觀念的家長們，亦可在此時利用機會灌輸孩子「廢物利用」的重要觀念。

最後，為寶寶提供一些強力膠水、膠帶、硬紙板、舊雜誌和書報，搭配上一整箱您所蒐集的「廢物」，您小小的雕塑家便可以開開心心地大展身手，為您的家庭添增一樣又一樣的精美擺設！

小小藝術家

一般而言，幼兒在三歲左右的時候，應該可以開始在紙上畫出一個簡單的人形，這個人形可能十分「失真」，有著大大的臉和臉龐下方兩豎筆直的腿，但是這項本事仍然值得家長們為寶寶感到欣慰，並給予寶寶適切的肯定和讚許。

試試看您能不能鼓勵寶寶為您講解一番他的大作，不論

是橫斜幾筆的山與水，或是細緻精工的人形寫眞，都是值得您與寶寶閒閒地品味與深入地討論。

有些時候寶寶並不是刻意要畫些什麼，他只是單純的想要動動畫筆，經驗一番手臂、手腕及手指協調運作時的特殊感受，並且愉快地欣賞隨著畫筆的移動，而出現在紙上的各種線條。

當寶寶正在信手塗鴉時，家長們在一旁除了觀看之外，還可以指指點點地「插嘴」：「喔，寶寶畫的是個圓圈圈兒（十字路口、方形……等）！」也可以「多嘴」地說：「寶寶畫紅色的筆，紅色（藍色、綠色……）！」幼小的孩童喜歡學習新的字，尤其是當他們可以當場明白這些新字的意義時，更能令他們雀躍不已，將這些新的知識如饑似渴般迅速地消化與吸收。

家長們如果願意捲起衣袖，動動手來爲家中的小小藝術家貢獻一些心力，《教子有方》建議您考慮親手爲寶寶製作一塊可供他隨意創造線條的黑板，和他可以認眞構思圖案的小畫板。

方法很簡單，在一塊20英吋（60公分）長、18英吋（45公分）寬的木板上，均勻地塗上二到三層的黑板漆，即成爲一塊小型的黑板！在這塊黑板上舖上一層白報紙，即成爲一

個簡單又實用的小畫板！試試看，其實並不麻煩，您的寶寶必然會深深地愛上這塊粉筆、蠟筆兩用的作畫板。

一個活潑生動的學習環境，並不一定需要高級的設備或昂貴的裝配，在一個充滿秩序與條理的家庭中，任何一樣信手拾來毫不起眼的物品，只要善於發揮與應用，都可在刹那

間脫胎換骨，變爲成長中寶寶最佳的教具和學習對象。

親愛的家長們，在讀完本文之後，您是否已在磨拳擦掌，非常迫不及待地想要將生活中的十八般武藝，親自傳給您的小傳人呢？《教子有方》在此先預祝您馬到成功，旗開得勝！

不做生命的旁觀者

想想看，您的寶寶現在比起一年以前，是否能幹多了，也懂事多了？他已經能夠神色自若地與人溝通交流；能夠辨識一些基本的顏色、形狀及大小尺寸；在身體機能方面，寶寶也有了足以支撐他行走、跑步和攀爬所需的筋骨肌肉及協調能力。本文在此不再詳列寶寶的成績單，總而言之，在寶寶目前這個身心皆快速成型的階段，他的體能、語言及自我認知，都正在快速的膨脹、成長和更上一層樓！

父母們在這個重要的階段，可以藉著選擇正確的玩具來造就寶寶積極參與生命的勇氣與習慣，避免孩子藉著扮演旁觀者的角色來掩飾內心輸不起的膽怯。

怎麼說呢？假若生命是一場競技，那麼世界上的人可分爲兩種，一種是下場參賽的人，另一種則是在一旁觀看的人。參賽的人在競爭的過程中難免要流汗、流淚，甚至於流血，他們要眞眞實實和生命中的勝負輸贏裸裎相見，他們的生命看來辛苦，但卻是踏踏實實，淋漓盡致！反觀身爲旁觀者的人，他們衣冠整潔隔岸觀火，不時指指點點，將場中的競賽者品頭論足一番，雖然他們表現得從容優雅，評論得頭頭是道，但是直到落幕的一刻，他們依然只能隔靴搔癢地想

像一切。旁觀者雖然永遠不會被人批評指點，永遠不會是輸家，但是因為他們從來不曾參賽，因而他們也永遠嚐不到勝利的滋味。

親愛的家長們，請您從小就要鼓勵寶寶不做生命的旁觀者，培養寶寶事事勇敢參與，面對人生義無反顧的壯志豪情！

在您為寶寶挑選玩具時，請多著眼在雙向式、參與式的玩具，積木、拼圖、益智問答、簡易下棋、紙牌和大富翁之類的「玩具」都是優良的選擇。反之，電視、電動玩偶和偶像模型則是屬於單向且消極的玩耍對象，建議家長們儘量避免寶寶愛上這一類的玩具，以免久而久之習慣成自然，影響了孩子一生的生活方式。

不怕別人笑！

您擔心親愛的寶寶被其他同年齡或是年紀較大的孩子嘲笑嗎？您想知道該如何幫助寶寶對付他人的嘲笑，產生正面的免疫力，不會因此而受到傷害嗎？《教子有方》願意藉著追溯嘲笑的來源，以及列舉父母所能做到的防禦工作，來消除寶寶因被嘲笑而產生的負面情緒。

嘲笑的來源

很不幸的，在幼兒單純的世界中，大多數的嘲笑來自於他的父母和玩伴。

〔來自於父母的嘲笑〕

在現代這個社會中，我們發現父母們大多懂得如何控

制自己的怒火，在發脾氣的時候，不至於以暴力傷害孩子的身體。然而，有許多的父母們卻善於利用「冷嘲熱諷」的方式，來刺傷子女的感情。當家長們使出言語的利器，來攻擊一個對他們抱著滿懷赤子孺慕之情的孩子時，他們已在不知不覺中深深地傷害了孩子的心靈與人格。這類型的父母，我們雖然無法從孩子的外觀肢體來指控他們虐待子女，但是他們是真真實實的虐待了孩子的心！

除此之外，還有一種父母是天性不拘小節，愛和人開玩笑，自以為幽默。在此《教子有方》必須為家長們指出的一點是，幼小的兒童是開不起玩笑的！也就是說，成長中的寶寶目前還沒有辦法如成人一般，敏銳地懂得一個玩笑深層的善意與幽默。幼兒所能領受到的，只是玩笑表層的嘲諷和譏笑。因此，即使是大人無心，隨興的對寶寶開個玩笑，往往也會引來寶寶痛心疾首的嚎啕大哭，請家長們千萬別以為自己的孩子「怎麼這麼小氣沒用，只不過是開個玩笑嘛！」您的寶寶的確是還無法理解這種成人世界中高級的語言藝術。

〔來自於玩伴的嘲笑〕

難免的，寶寶的玩伴之中，必然會有一些喜歡嘲笑別人的孩子，這些孩子多半會以外表來作為他們嘲笑的重點。例如，「胖子來了」、「光頭，光頭」等，都是常常聽得到的，屬於孩子們的嘲笑。

雖然說這些喜歡嘲笑別人的孩子並無惡意，也可能不太瞭解這些言語所傳達的真意，更不懂得被嘲笑的孩子心中的難受，但是以客觀的立場來分析，這些會嘲笑別人的孩子通常擁有一個共同的特性：那就是他們所來自的家庭，通常也是充滿了諷刺的言語和譏笑戲謔的行為，不論這些言行舉止

的出發點是純然的無心、多年的習慣還是惡意的攻擊，所造成的結果，就是一個喜歡嘲笑別人的孩子。

當孩子被人嘲笑時

〔禮貌地出擊〕

當您心愛的寶寶被別的孩子嘲笑時，您該怎麼辦呢？

一般說來，一群正在玩耍中的孩子只要看到有大人的出現，多半會立刻變得比較收斂和有所顧忌，如果此時有幾個年紀較大的孩子正在帶頭起哄嘲笑您的寶寶，那麼通常只要您一出現陪伴在寶寶身旁，不必多言，這些孩子自會警覺地停止他們的嘲笑。

假設這些孩子依然不知輕重地繼續他們的嘲笑遊戲，那麼此時您該怎麼辦呢？開口大罵這些孩子嗎？當然不是，這些都是別人的孩子，您必然是沒有立場去管教的。《教子有方》建議您此時不妨迅速地動動腦子，想出一個新鮮的點子，主動帶領這一群孩子開始另外一項活動，轉移他們的注意，讓他們在不知不覺中，自動放棄以嘲笑您的孩子來取樂的玩耍方式。

〔適當的防護〕

對於成長中的幼兒而言，父母的行為與反應，決定著寶寶的整個心思。也就是說，當您的寶寶成為眾矢之的被人嘲笑時，如果身為家長的您能夠保持冷靜，待以平常心，那麼寶寶也多半能做到不動聲色，一笑以置之。

反之，如果家長們在自己的孩子被人嘲笑時，表現得氣憤填膺，慷慨激烈，甚至於事後仍然咬牙切齒地，不斷重述和訴說寶寶是如何如何地被欺侮與嘲弄，那麼寶寶除了會在

當時放聲大哭之外，這整個事件不愉快的經驗，更會深刻地烙印在他小小的心田中，使得寶寶日後反而容易變得膽小、畏縮、怯弱和害羞。

在幫助孩子學習如何度過人生的衝突層面時，有許多護子心切的父母們會不自覺的「太早」也「太勤快」地「伸出愛心的援手」。然而，這種「過度」保護的行為，容易誤導成長中的幼兒，讓孩子覺得要脫離社交的窘境，唯有依賴父母這一道銅牆鐵壁作為防線，而在無形之中，阻擋了孩子發展自衛能力的機會，也因而削減了他正向的自我尊重。

親愛的家長們，在此我們願意鄭重地提醒您，在警覺的守護與不必要的參與之間，請務必竭盡全力達到一個健康也實際的平衡，這對於寶寶的成長而言，是非常重要的。

總結本文，當孩子被人嘲笑時，家長們可以利用以下的方式來幫助寶寶化險為夷，全身而退：

- 從自己開始，從現在起，不再以嘲笑譏諷的方式來對待寶寶。
- 當寶寶和他的小玩伴們在一起的時候，請您儘可能地做一名忠實且沉默的旁觀者。
- 讓寶寶自己處理他能力範圍所及的問題，不要太急著捲起衣袖為孩子打抱不平。
- 當寶寶向您告狀哭訴別的孩子是如何地欺侮他、嘲笑他的時候，也請您不可立即被激怒，此時務必要保持平靜的心情和理智的思考，耐心且仔細地聽寶寶說完他的故事，以您豐沛的愛心來安撫寶寶受傷的情緒，再以客觀的立場來處理這件「小朋友的紛爭」。

■ 事過境遷之後，千萬不要再在寶寶的面前將這件「吃癟」、「出糗」的往事提出來討論。

■ 為了您與寶寶雙方共同的好處，請務必保有一顆高度幽默的心，不要將事情無意義地誇大或嚴重化。

喜新厭舊？還是喜舊厭新？

幼小的兒童在面對一些未曾經歷過的事情時，每個孩子的反應都不相同，每一次的反應更是難以預期。沒有見過的人，沒有吃過的食物，沒有到過的地方，沒有穿過的衣服；第一次剪頭髮，第一次游泳，第一次坐飛機，第一次上學；模仿的感覺，離別的滋味，喜氣洋洋的氣氛等種種都是「新知」，也都是寶寶必須逐一熟悉，將之變為「舊識」的生命課題。

舉例來說，兩個同樣是在城市中長大的孩子，當他們第一次在鄉村的農舍中看到活生生的一群雞時，其中的一個孩子可能會興奮地追著雞到處跑，拚命努力想要多多研究這群新鮮沒見過的「獵物」，而另外一個孩子則可能已經臉色慘白、口齒打顫、雙手冰涼地躲在母親身後，被眼前這群「怪獸」驚嚇得連動也不敢動一下了。

然而，假設距離農舍不遠之處有一彎清澈淺淨的小溪流，上述喜歡雞的孩子可能會堅決不肯靠近水邊，還一定要被爸爸抱在懷中他才肯遠遠地查看潺潺的流水，反倒是上述害怕雞的孩子可能早已踢掉鞋子，捲起褲管，赤足踏進水中，和其他的孩子們開心地打起水仗來了哪！

許多家長們都會被幼兒種種「不按牌理出牌」的反應弄

得丈二金剛摸不著頭緒，啼笑皆非，不知應該如何是好。事實上，根據兒童心理學家的分析，這些專屬於幼兒們的獨特反應，其實和這個孩子在每一次面臨「新鮮」事當時心中的安全感有著直接的關聯。愈是和以前所熟悉的情景相似，寶寶的安全感也就愈深厚，反之亦然。

每一位父母必然都願意成為寶寶和「新鮮事」之間愛的橋樑，然而，唯有能深切地懂得寶寶在不同處境當時的心情、感覺、想法和需要，家長們所提供的幫助才能貼切、正確地讓寶寶「打從心坎中」感到深受其益。

以下就讓我們來詳細地探討寶寶在「新」與「舊」兩種極端情形下不同的心境和需求。

喜舊厭新

對於成長中的幼兒來說，有某些活動，是他十分執著，非常堅持，且絲毫不妥協，百分之一百必須每一次都是一成不變的。只要稍微有一點點差別或是些許的不同，寶寶就會立刻變得十分的彆扭、拗執和不肯妥協！

舉凡夜間就寢之前的程序、吃飯的方式，和上廁所的習慣都可能是寶寶「喜舊厭新」的活動。不錯，這些都是滿足幼兒吃、喝、拉、撒、睡最基本生理需求的活動，寶寶會卯足了「吃奶的力氣」，來維繫這些活動的恆一性。

每天晚上就寢前，寶寶會在您固定為他讀完三本故事書之後，才心滿意足地闔上雙眼，很快地進入夢鄉。相反的，如果有哪一天您無法為他親自讀三本故事書時，他是無論如何也不肯睡覺的，寶寶不會接受任何其他方法的哄騙，不交換條件，不同意任何替代的人，他會一直堅持直到您為他讀

完三本書為止，或是直到他實在支撐不住，累到極點睡著了。

吃飯的時候，寶寶一定要用某一個特別的飯碗，吃麵條時也必定要捲在筷子上才肯吃，喝奶一定要用吸管，吃蘋果一定要削成薄片；夜裡上廁所一定要打開所有的燈，出門上洗手間一定要媽媽陪，甚至於喝完湯一定要上廁所等種種的「怪癖」，全部都是寶寶非常非常在乎的「大事」，這些「大事」每一件都牽扯著寶寶的情感，左右著他的意志與思考。

對於成人而言，我們早就已經將這些屬於「飲食男女」的生理需求，視為生活之中理所當然的「小事」。但是對於兩、三歲的幼兒們來說，這些有關於吃、喝、拉、撒、睡的「大事」，仍然在每天的生活中傳遞著父母的愛與關懷。因此，當寶寶知道這些「大事」會固定地發生與進行時，他即感受到父母對他愛的保證，他小小的世界中也必定能充滿著愉快的安全感。如此，孩子才能以堅定的自信心，來展望與面對更廣更新的世界！

新舊交接

人類是傾向於變化、種類和多采多姿的動物，幼小的兒童也不例外！在所有的新鮮事物之中，我們最喜歡那些與已知的世界中多少有些關聯的部分，而對於那些我們毫無概念完全一竅不通的新領域，一般人通常是十分難以接受的。試試看，一篇討論莎士比亞文學結構的論著，對於理工出身的您，是否是生澀困難，很不容易讀完全文？相形之下，有關於生物醫學工程方面的介紹，以您理工方面的背景，還是較

能進入狀況，多少可整理出一些重要的頭緒吧！

　　當寶寶第一次發現了一輛玩具車上有四個可以滑動的輪子時，他首先會花些時間來消化與吸收這項新發現。寶寶會「保守地」將玩具車在地上前後推動，或是「象徵性」地將小車往前推出一小段距離，等到寶寶對於「玩具小汽車有四個輪子可以滾動」的這個事實產生了一種「老朋友的感覺」時，他才會開始自由自在、放心大膽地「亂玩一通」，如在各種不同的平面上推動小車，將小車從不同的斜坡上往下滑，丟到水池泥坑中試試看……等不同的「花招」，都會在此時方才傾巢而出。也就是說，寶寶要在「新知」已成「舊識」之後，才會真心與愉快地享受更進一步的變化與挑戰。

　　然而，變化與新鮮也不能過分的離譜，必須是按部就班的。還記得在寶寶五個月大的時候，我們曾經討論過小嬰兒喜歡看各式各樣和親人有所相似，但不完全相同的臉孔，而對於那些看來大不相同的臉孔，他們則是絲毫不感興趣嗎？（詳見《〇歲寶寶成長心事》第五個月「讀臉」）

　　同樣的道理運用在兩、三歲的幼兒，甚至於成人的身上，仍然是正確有效的！因此，假設寶寶在同一天之內收到了許多禮物，如果家長們任由寶寶同時拆開每一樣新玩具，他很可能會因為無法接受這麼多新鮮的挑戰與刺激，反而表現得對於這些新玩具一點兒興趣也沒有。常見的情形是，在派對結束之後，面對著滿室的新玩具，不論父母如何起勁地示範，寶寶卻只緊緊地抱著他那輛早已玩得又破又舊的小汽車，明顯地擺出一副「喜舊懼新」的「臭架子」。

　　家長們在寶寶經歷到類似的「新鮮休克症」時，最好的處理方式是，不動聲色地先將新玩具全部收好，只留下一

樣寶寶看來不會是百分之百陌生的玩具，任由寶寶以他自己
的方式，舒適的進度，來接收這個全新的玩具。再隔個一到
兩天，家長們可將另外一樣新玩具利用同樣的方法介紹給寶
寶，循序漸進地引導寶寶成功地完成新舊玩具的「世代交
替」。

此外，家長們也必須能夠敏銳地察覺出，孩子是否已準
備好來接受新的挑戰。

舉例來說，當爺爺和奶奶興沖沖地將他們剛從百貨公司
買回最新出品的人工智慧電腦搖控汽車，「呈獻」在兩歲十
個月大的寶寶面前時，他們可能會非常失望地發現，這輛所
費不貲，可以用拍手、踏腳和語音來操縱的小汽車，怎麼寶
寶仍然是「不長進」地用手在地上推來推去地玩呢？

心思細膩的父母們應該即時就明白，寶寶的思考方式仍
舊停留在他原先的模式之中，對於手動式最簡單的玩具小汽
車，寶寶還沒有玩夠，還沒有產生「得心應手」的感情。當
碰到了這種情形的時候，家長們應該撤回新的玩具，等到寶
寶徹徹底底地將舊玩具「玩膩」了，再試試看，到時候孩子
的反應肯定會大大的不同了喔！

無法戀舊

在現實的生活中，有些時候寶寶無法避免地必須要處在
一個完全陌生的環境中，他雙目所見，雙耳所聽，甚至於外
界的氣味與溫度，都和平時所熟悉的大不相同。

一個很好的實例，就是當寶寶必須跟著家人出遠門的時
候，在整個旅程當中，唯一已知的部分可能就只有父母親二
人，而這兩位他最最熟悉的親人，此時也正在興奮地討論著

一些寶寶未曾聽過的話題。

在這種情形發生的時候，父母們可在事先為寶寶預備他心愛的玩具、倒背如流的錄音帶、愛吃的食物，甚至於一條小小的舊毛巾，以為寶寶在「出門在外」的時光中，提供強而有力的慰藉、鼓舞和安全感。

此外，在一間全然不同的房屋中過夜，對於寶寶來說，亦是一個極大的考驗與挑戰！不論是在親友的家中，或是在旅館的房間，只要有一件他所熟悉的物品，即能大大地提高寶寶的安全感，幫助寶寶很快地在不同的床上、不同的被褥、不同的觸感和不同的氣息之中，擁有一個真實的著力點，因而能很快地「隨遇而安」，不認床地進入夢鄉。

當然啦，親愛的家長們也請千萬不要忘了您自己這一張王牌。對於成長中的幼童而言，父母親永遠是他安全的保證！因此，您要隨時在寶寶身邊，以肢體和言語，隨時陪伴著寶寶，守護著寶寶。

親愛的家長們，讀完了本文，您是否已能胸有成竹地造就一個面對新鮮事時，莊敬自強、處變不驚、勇往直前的小英雄了呢？

三輪車的妙用

如果您快滿三歲的寶寶到現在還沒有騎過三輪腳踏車，那麼《教子有方》建議您，目前正是考慮為寶寶張羅一輛小小三輪車的好時機！別小看了這樣「沒有什麼大不了」的玩物，對於成熟發展中的寶寶而言，它可是有以下兩大重要的妙用喔！

妙用一：左右有別

寶寶在騎三輪腳踏車時，他的雙腳必須左右交替地用力踩，他小小的身體也會因而不由自主地輪流向左側和右側傾斜，如此，寶寶可以意識到他的身體是有左邊和右邊兩個看似相同、實則完全不同的區域。

在《教子有方》系列書籍中，我們曾經多次提及許多學齡兒童的學習障礙，其實是起源於無法辨別文字之中左右對稱的字形（如上／下，乒／乓，6／9……等）。由此，我們明白左和右的觀念，對於成長之中的兒童來說，所扮演的角色是多麼的舉足輕重。

學習騎腳踏車是一種訓練孩子左右有別的好方法，家長們可以多多鼓勵孩子踩腳踏車，並且多為孩子製造騎車的機會，使這層重要的體認，能夠紮實且深刻地植入孩子的心板之中。相反的，家長們還不用急著教會寶寶「左手」和「右手」、「左腳」和「右腳」、「左轉」和「右轉」。對於尚且不滿三歲的幼兒來說，當他和諧流暢，一腳高、一腳低，得意洋洋地騎著小小三輪車，左右顧盼自如，四處移動的時候，他所感受到身體分兩邊，兩邊各自為政，但必須彼此配合的經驗，才是真正重要的生命元素！

妙用二：時間觀念

會騎腳踏車的人都知道，為了要使車輪平穩地轉動和前進，左腳和右腳踏踩的速度，必須是精準配合好的，如果其中一隻腳快了一點或是慢了一點，那麼這輛車一定是無法成功地向前進行的。

　　當寶寶在騎腳踏車的同時，他自然會培養出標準的時間觀念。等到寶寶長大入學之後，他需要擁有良好的時間觀念，才能正確地記憶與背誦課本中的內容和知識。親愛的家長們，請您仔細地想一想，當您在背誦「床前明月光，疑是地上霜」，和試著記住一個電話號碼時，您的大腦是否必須將這些單字和整串的數字，按照特定的時間先後次序，在記憶中無誤地排列出來？

　　因此，成長中的寶寶必須多多練習騎腳踏車，在他目前還無法騎兩輪單車時，三輪車即是最好的學習工具。身為家長的您，可以多多的鼓勵寶寶騎三輪車，他不僅要能夠騎得平穩，騎得好，還要能騎得快，騎得有韻律，並且輕鬆不費力。這些都是需要花時間練習，方能達到的地步，而寶寶一旦能懂得其中的竅門，那麼他掌握控制時間的組織能力，必定能在日後上學讀書的時候，幫助他以事半功倍的效率，通過每一項學習的難關和挑戰。

　　三輪腳踏車的妙用既然這麼重要，親愛的家長們，您是否已下定決心要為寶寶投資這項既有趣又好玩，不但可以運動健身，還可訓練作學問能力的「金牌玩具」？在您為寶寶選購三輪車之前，請先參考以下我們為您所整理的幾項簡要的原則。

慎選三輪車

　　隨著科技的進步和生活方式的演變，兒童三輪腳踏車的種類亦是日益翻新，經常使得家長們在選購時眼花撩亂，不知從何「下手」！

　　別怕，您只要能好好地把握住安全耐用、有趣好玩這兩

個大原則，再參考以下我們所列出的建議，應該不難成功地
為寶寶挑選一輛三輪腳踏車。

- 選擇當寶寶坐在車上時，上半身仍能保持直立的車型。基於以上所列兩大原則，務請家長們避免跟隨潮流，不必考慮賽車或跑車式的三輪車。上半身直立的三輪車雖然是屬於傳統的式樣，但是幼小的兒童容易控制操縱，亦能擁有廣闊無阻擋的視線，對於兩、三歲的寶寶而言，是最優良的選擇。
- 三輪車的尺寸大小必須和寶寶的身材正確地配合，請不要故意為寶寶購買「加大一號」的三輪車，要知道，當寶寶騎著一輛他雙足無法踩到腳踏板的三輪車時，也是危險的意外最容易發生的時候。建議家長們為寶寶選購座位和把手都可以隨著寶寶身量的增加而加以改變的車型，並且要記得定期檢查和做正確的調整，以確保孩子行車的安全。
- 三個輪子之間的距離要隔得愈遠愈好，在寶寶突然快速地轉彎時，才比較不容易翻車。
- 三個輪子上皆不可有輻射狀的細輪軸。寶寶的小手、小腳、衣服、皮帶和髮辮都很容易在行車時被捲進輪軸中，造成嚴重的傷害。
- 控制前輪的把手轉軸，最好不可做太大幅度的旋轉，以免寶寶用力過猛，使得小車失去控制。
- 當寶寶坐在小三輪車上時，他的身體絕對不可超出車尾結構。也就是說，當寶寶向後退車或衝撞時，所有的碰擊力都應被車身所吸收分散，而不至於造成寶寶

背部脊椎和腎臟的傷害。

當寶寶擁有一輛屬於自己的三輪腳踏車時，數不清的美好時光、無止境的寶貴學習，就可以正式展開了。

然而，當寶寶仍處於學習摸索如何騎車的階段時，家長們也不可操之過急地給孩子施加不必要的壓力。讓寶寶坐在車上，兩隻腳放好在各自的踏板，由您輕輕地推動小車，他的雙腳可以慢慢地由一上一下被動的感受，逐漸地轉爲主動地踏踩。

寶寶會從慢慢地騎會小三輪車，到快快地騎得橫衝直撞，前後左右九拐十八彎，和風馳電掣地到處亂騎！所以，家長們也必須主動地教導孩子正確的「交通規則」以及「行車道德」。

只要家長們做好了事前的準備工作，教導孩子安全的限度，給予一些鼓勵和指引，相信寶寶將踏著他的三輪小車，享受無數安全、快樂又充實的快樂時光！

———————————— 提醒您 ————————————

❖別忘了撥出時間，在家裡，就在自己的家裡，訓練寶寶各式各樣的本領喔！

❖選擇恰當的玩具，鼓勵寶寶不做生命的旁觀者。

❖當寶寶被嘲笑時，正確地保護他！

❖快快爲寶寶開啓他的「三輪車歲月」！

迴　響

親愛的《教子有方》：

　　因著機緣讓我訂閱了貴刊，實在是一件比中了彩票還要幸運的好事！

　　每當我對著孩子，大腦一片空白、自覺已到了「無解」的地步時，我總能在《教子有方》中找到令我五臟六腑全都安心滿意的答案！

　　敬請繼續努力地出版《教子有方》，千萬不可中止啊！

蔡蘭華（美國密西根州）

第十一個月

揮別兩歲之前

時間過得眞快，彷彿才轉瞬之間，寶寶已經幾乎三歲了！在家長們正忙著爲寶寶開一個難忘的生日派對的同時，《教子有方》也願意在寶寶正式成爲三歲的孩子之前，爲您將寶寶近三年以來的成長，做一個簡要的分析與整理。

整體而言，這一個小小的生命已從完全的依賴，逐漸脫胎換骨，展現出獨立自主的全新風貌。在孩子蛻變的過程之中，肢體的成長與發育、接受性語言與傳達性語言的累積、認知能力的增長以及多元化的社交經驗，都是值得一提的重要成果。我們將在下文中逐一爲家長們深入地解說。

肢體的成長與發育

首先，因著寶寶愈發成熟敏捷與強壯的身體，他現在的活動範圍，不論是在家中還是室外，較之一年以前，已是完全不可同日而語了。

寶寶近來所發展出雙手大小肌肉的靈活程度，使他能夠安靜地坐在一張小桌子前面，握著蠟筆在紙上塗鴉、拿著安全小剪刀剪紙、用漿糊黏紙、捏黏土等，從事一些美勞工藝活動。

日常生活方面，寶寶也正快速地朝向「自理」的目標突飛猛進。吃飯的時候，寶寶可以自己用一支小叉子或小湯匙來吃一些食物，他也可以不需幫助地用一個小杯子喝水或喝牛奶。

穿衣和脫衣對寶寶而言，也已不再是完全需要大人協助

的難事了。大多數三歲的寶寶應該已能自己將襪子、襯衫、褲子和外套等衣物正確地穿上和脫下，唯一可能還需要幫忙的，是拉拉鏈、繫鞋帶等較爲複雜的部分。

有了自理生活的能力，又能夠以雙手來從事一些有趣的活動，即將三歲的寶寶已經不太需要家長們隨侍在側地提攜扶抱，更不需要父母們整日一對一地黏在他的身旁了。這就是爲什麼有許多家長們會在最近這段時間內，「突然地」感覺到一種如釋重負的輕鬆與自在。恭喜您，寶寶長大了！

快要三歲的寶寶不僅不再是父母的「小包袱」、「小麻煩」，他現在還是做家事的好幫手呢！

當然囉，站在父母的立場，三歲的寶寶再怎麼能幹，也不可能像成人般「有用」地幫忙家事，但是以寶寶的角度來衡量，能夠積極地參與父母的「工作」，這件事對於他的成長和發展，影響的確是十分深遠的。

我們建議父母們多多爲寶寶製造「幫忙做事」的機會，只要逮住機會，不妨多多地使喚您家中這位還不滿三歲的小幫手：「寶寶可不可以幫媽媽遞張面紙啊？」同時也別忘了，要多多獎勵寶寶所付出的心力：「謝謝寶寶，你眞是能幹！」

接受性語言和傳達性語言的累積

終於，寶寶的語言能力已能應付他內心想要與外界溝通的渴望了。寶寶早已是迫不及待地開始向這個世界訴說著他的思想、他的需要和他的期盼！您也發現了嗎？當寶寶近來開始利用三個字，甚至於四個字組成一個句子對您說話時，他是顯得多麼的能言善道啊！

　　不僅如此，寶寶近來眞是口若懸河，愛極了說話這門藝術，他整天不停的在說話，對著每一個他可以說話的對象，認識的也好，不認識的也好，狗熊、洋娃娃、機械人、電視機裡的人影，他每一個都不放過，認眞地向大家宣洩心中積壓已久的，「我想要你們大家都瞭解我的心」的熱情。

　　在向這個世界熱切地說話時，寶寶會大量利用、試驗與學習不同的字句語法，感受這些語言在他人身上所造成的效應。

認知能力的增長

　　正是因爲與日俱增的認知能力，寶寶看起來是愈來愈聰明，也愈來愈懂事了。

　　寶寶會開始因爲物體之間不同的用途，而將之正確地分門別類。舉例來說，他已能將玩具、衣服和故事書從一大堆雜物之中正確地區分出來，並且在大人的指引之下，毫無困難地放回各自的收存櫥櫃之中。在廚房裡，寶寶也會到各自不同的抽屜中，去尋找碗盤筷匙等不同的餐具。

　　漸漸的，寶寶還會開始根據尺寸、顏色或形狀來將物體分類。

　　重點在於，您的寶寶現在正開始學習每一樣物體皆有其一定「歸處」的道理。因此，三歲幼童所展現出的，是較爲整齊、組織分明的玩耍方式，以及明顯的收拾東西的能力與效率。

　　此外，寶寶也已對於時間有了清楚和明白的瞭解。他開始懂得「昨天」、「今天」、「明天」，甚至於「後天」和「大後天」的眞意，以及其中的差別。雖然大致說來，寶寶

仍然和過去一般，當他的需求渴望沒有立刻被滿足時，是十分的心急和不耐煩，但是寶寶也漸漸地學會了耐著性子等待的藝術。

最有意思的，是小小年紀的寶寶近來也開始練習如何「作選擇」了。喝水時小杯子的顏色，洗完澡使用毛巾的大小，出門要穿哪一雙鞋，在在都是寶寶會開始「挑選」的項目。奉勸家長們，在寶寶轉動著圓滾精靈的雙眸，絞著腦汁試著下決心時，請務必拿出您的最佳君子風度，給予他足夠的時間，尊重他所作的選擇。雖然眼前您可能會為了要配合寶寶的「精挑細選」，甚至於「三心兩意」的改變主意，而多花許多時間，但是唯有放手讓孩子能夠擁有多多的練習機會，他才能早日成為「當機立斷」的箇中好手。

因此，當寶寶晨起無法很快決定她髮辮上髮圈的顏色時，請家長千萬要耐著性子等待寶寶自己下定決心，稱心滿意為止。並且，即使寶寶所選的顏色和她當時的衣著色調完全不搭配，也請「睜一隻眼，閉一隻眼」，努力學會欣賞孩子的品味，肯定與獎勵她為了作決定所付出的努力。

多元化的社交經驗

因為有了足夠的語言接收與表達能力，再配合上突飛猛進的認知能力，寶寶在過去這幾個月的日子中，早已堂而皇之地晉身於一個嶄新的社交圈之中了！

父母們近來必然已察覺出寶寶扮家家酒時的花樣變多了。舉凡煮飯掃地、上街買菜、醫生看病護士打針、警察抓小偷、消防隊員滅火、公車司機、電視節目主持人等，都會出現在寶寶的「假想世界」之中。

值得一提的是，寶寶有的時候還會利用這些扮家家酒的「人物」，來宣洩他心中的思想和情感。比方說，她會讓洋娃娃面對著牆角坐在一張小椅子上，然後「有樣學樣」地一手扠腰，一手指點著洋娃娃，口中唸唸有詞地數落著：「不乖，真不乖，罰坐，不許動！」

在遊戲與玩耍之中，三歲的寶寶也愈來愈會「與人同樂」、「與人分工合作」了。還記得嗎？在差不多一年以前，寶寶情願「埋頭苦幹」自己玩自己的，即使是當他和其他的孩子共處一室時，他仍然與人保持客氣與冷淡的距離。

現在的寶寶則完全不一樣了，他不但喜歡和別的孩子一起玩，他還會主動出擊，積極地招募玩伴。他甚至還會非常喜歡指揮別的孩子，喜歡多管閒事，也喜歡照顧或是欺侮別的孩子。總之，寶寶會一一嘗試運用並練習他近來所學會的每一樣「社交手段」和「做人的道理」。

在人際關係之中，還有一個重要的部分，那就是和別人意見不相同，甚至於與人衝突的經驗。家長們必須能夠做到「忍心」讓寶寶和別人的想法不相同，讓孩子能夠「傷心」地體驗到他人不接受自己意見時的失落，甚至於鼓勵孩子向他人「推銷」自己的理念。總之，這些在目前看來似乎是「有些不妙」的社交「摩擦」，其實卻能讓寶寶深切地懂得，在這個充滿了人的世界上，每一個不同的人，都有一種不同的想法，而我們每個人也必須學會如何成功地融合這些不同的意見，並在其中尋求一個快樂的立足點。

和玩伴們在一起共處的時間，除了能增長寶寶與人交往的能力與經驗外，還能一舉三得地促使寶寶豐富言語的詞彙，及更進一步地加強快速膨脹中的認知能力，並請別小看

了幼小的兒童，當他們與同伴們玩耍溝通時，可是分分秒秒都在交流著語言、想像及創造思考的心得哪！

與人分享的能力，也是寶寶必須花時間和玩伴們「混」在一起，方才學得會的一門藝術。寶寶會在不知不覺之中開始展現出為他人著想，同情對方的行為。他會像一個小大人一般地去關心別人、照顧別人，尤其是對於比寶寶幼小的孩子，他所流露出的親愛、溫柔，是十分令人感動的。

舉例來說，如果在玩伴之中有一個孩子，突然因為積木倒了而難過得放聲大哭，寶寶也許不會動手幫助這個孩子重新搭好積木，但是他會立刻放下手邊的玩具，以無比專注與關懷的目光表達自己的同情，甚至於他還會過去摟一摟、拍一拍哭泣中的玩伴呢！

大約在三歲左右，幼兒們會開始將男生劃成一國，女生劃成另外一國。寶寶不但已經清楚明白地知道自己的性別，還會非常「性格」的只喜歡和自己同性的玩伴「黏」在一起，對於不同性別的「異類」，他則是十分冷淡和不起勁的。當家長們遇上這種情形的時候，請千萬不要大驚小怪，「胡思亂想」，更不要施加人情壓力逼迫寶寶。還記得前文之中我們曾經提到過，寶寶近來所發展出「歸納分類」的認知能力和組織能力嗎？您的寶寶正自豪與得意地在展示他的本領哪！

總而言之，快要過三歲生日的寶寶是快樂的。他可以獨立地做許多的事，隨著心意說許多的話，他懂得許多的道理，更能和許多人相處與來往。他要求父母的事項與時間已快速的在減少，獨立自主的傾向也愈來愈明顯。與寶寶共處是一件愉快、不乏味的樂事，因為，在他奮力地伸展生命觸

角的過程中，您已親自陪伴，並且親眼目睹了這一切美妙的蛻變，您將會無法自已地為他喝采，為他感到驕傲，並且無法自拔地深深愛上這個朝氣蓬勃的小生命！

 # 放羊的孩子？

不敢相信嗎？您差不多三歲大的寶寶居然會信口開河、天馬行空地「胡說八道」？有些時候寶寶還會活靈活現，如假包換地「蓋」個不停哪！

不論寶寶是胡扯也好，想像也好，吹牛、唬人還是惡意的騙人，寶寶這種「駭人聽聞」的行徑，的確已使許多家長們大呼受不了了。

該怎麼辦呢？《教子有方》建議讀者們在採取任何行動之前，請先試著分辨寶寶不肯老實說的原因，是否屬於以下四者之一。

為了想像而想像

此處所指的是，寶寶刻意所編織出來的夢幻王國。寶寶會拿著一支粉筆對著鏡子擦口紅，對著電話聽筒和外婆聊天，他也會和一位想像中的「隱形」玩伴有說有笑地一同扮家家酒、喝茶、聊天。

因為寶寶目前正處於一個思想意志空間快速膨脹拓寬的成長階段，家長們對於這一類型「美麗的幻想」，可以秉持著「不伎不求」的態度，隨時默默地旁觀，只要能夠確定寶寶可以「隨心所欲」在該停止的時候立即「適可而止」，那麼家長們也不妨抱著輕鬆幽默的心情，來參與寶寶的「小小

狂想曲」，童心未泯的父母們甚至於還可以放下身段，客串性地玩票一番哪！

為了免受責罰而撒謊

對於許多人來說，他們生平第一次不說實話的原因，主要是想藉著謊言來逃避一些不愉快的後果或責任。而當這種情形發生在自己的孩子身上時，家長們可從以下兩個方向來省思這個問題：

▩ 在孩子犯錯之後所施加的處罰，是否過於嚴厲，而使得三歲的寶寶緊張害怕地「打從心坎兒裡不寒而慄」呢？

▩ 父母們在寶寶回答之前，是否已對真相有了正確的瞭解呢？那麼，父母們為何還要對寶寶重複一個已經有了答案的問題？

對於一般的情況而言，我們建議家長們避免詢問一個明知寶寶不願意真心回答的問題，以免「陷寶寶於不義」，而在施以處罰時，也請不要令寶寶「恐懼」到不惜以說謊來逃避的地步。如此，方可完全杜絕寶寶養成說謊話的壞習慣。

真假不分

這是一種當寶寶「真真正正」弄不清楚孰是事實、孰是想像的情形，當然囉，在這種「假作真時真亦假」的處境之中，寶寶完完全全不會覺得自己是在騙人。

屬於這一類型的孩童，尤其是那些「深陷其中無法自

拔」的個案，通常都需要經由專業輔導人員的協助，方能眞正的揮別這場海市蜃樓的夢魘。至於父母們的責罰與處分，不但絲毫幫不上孩子的忙，反而有可能「落井下石」，使得情況變得更加的混亂與複雜。

有樣學樣

父母是孩童最崇拜的偶像，也是最喜歡模仿的對象！當您發覺寶寶的「信口雌黃」已經頻繁到了「駭人聽聞」的地步時，您此刻最需要做的事，不是想辦法如何「整治」寶寶，而是深刻的自我反省，計算一下您自己「不老實說」的機率有多高！也許這麼一來，您即可掌握住寶寶撒謊的根源，而能藥到病除地徹底消除孩子的「毛病」。

在您讀完以上四項「聞望觀切」的大原則之後，《教子有方》還想提醒家長們，多爲寶寶說那則流傳已久的「狼來了」的故事，務必幫助孩子透徹地明瞭「謊言的醜惡」，即便是無心，無惡意的謊言也會製造出想像不到的惡果。此外，當寶寶鼓起勇氣「老實說」時，請確確實實地褒揚他的勇氣，嚴嚴密密地收起您原本打算「好好修理他」一頓的思想、行爲和言語。

 ## 說髒話

「天哪！這個孩子還不滿三歲，居然會說髒話？罵三字經？還會放黃腔？」

親愛的讀者們，如果這個孩子正是您從小捧在掌中疼愛萬分的寶寶，此時，您的心中會作何感想，您又會如何來處

理這個問題呢？

別急，別氣，別害怕，更別發怒！不要提高您的嗓門，不必搬出祖宗家法，更加不可拳腳相向。知道嗎？您對於寶寶所說出的「壞話」愈有強烈的反應，愈會加深這些「禁忌」的魔力和吸引力。

因此，最好的方式就是保持極端的冷靜和理智，平心靜氣地以堅決、慎重的口吻，立即對寶寶說：「寶寶，你剛才說的這些話，非常的不好，爸爸和媽媽都不願意聽到！」如此，您不但可與孩子理性地溝通重要的價值觀，更可避免情緒上的衝突，以及所造成弄巧成拙的負面效果。

還記得「近朱者赤，近墨者黑」這個道理嗎？如果在寶寶所生長的環境中，不論是來自大眾傳播工具、玩伴或家人親友，總是充斥著這類「不當的言語」，那麼難免寶寶也會從其中耳濡目染地學會許多。此時，家長們所必須克服最大的難題，就是如何讓寶寶明白，每一個家庭，每一個人都有不同的言行準則，別人做來、說來極具自然的行為言語，在自己的家中未必是恰當的。

當寶寶眼睜睜地看到、聽到有人大聲說髒話時，父母們必須要能夠即時地指出：「寶寶，這種話語是我們家裡的人很不喜歡使用的。」以潛移默化的方式，帶領孩子做到「出淤泥而不染」，不再「人云亦云」地跟著他人說髒話。

現在幾點鐘了？

如果您願意的話，現在正是開始教導寶寶看鐘／錶的好時機！別以為寶寶只有三歲，看鐘錶這件事對他而言會是

十分的複雜難懂，其實，學齡前三歲的幼兒幾乎什麼都可以學得會，只要家長能利用寶寶所能接受的方式來介紹新的知識，他學習的潛力是相當龐大無止境的。

隨著寶寶一天一天的長大，以「什麼時候？」開頭的問題，會愈來愈頻繁地出現在寶寶的話語之中，如「什麼時候吃飯？」、「什麼時候可以去動物園玩？」之類的問題，想必您近日聽來已經不覺得陌生了。

家長們在回答幼兒「什麼時候」的問題時，通常可用「很快」、「馬上」、「等一下」等字眼來表示一段短的時間，而對於較長的時間，則可以利用日常生活的固定事件為標記，來延伸寶寶的期待時間，例如，「等爸爸下班回來……」、「大家都吃完飯之後……」、「看完電視新聞之後……」如此，寶寶才能將抽象的時間觀念以具象的方式，在他小小的腦海中將之生活化。

除此之外，家長們還可以技巧不著痕跡地，以「更加高明」的方式來回答有關於時間的問題，並在同時踏出教導孩子看鐘錶能力的第一步。

舉例來說，當寶寶肚子很餓，在廚房中轉來轉去，不耐煩等待晚餐的準備時，與其不斷地對寶寶說：「再等一會兒，馬上就好。」等解決寶寶燃眉之急的「空話」，不如利用機會，一方面提供寶寶看得到、摸得著的「等待工具」，另一方面也教導孩子基本的看鐘本領。

花兩分鐘的時間，指著一個時鐘，耐心地告訴寶寶：「你看，等到長的這一支針走到最上面（或是最下面）的時候，我們就可以吃飯了！」為寶寶解釋時鐘的長短兩針是會慢慢移動的，長的走得快，短的走得慢。

對於三歲的寶寶，請您還不用急著教他「時針」和「分針」的概念，寶寶只要能夠懂得「整點指零」、「半點指六」的長針行徑，即是一件十分了不起的事了。

家長們可以多多地利用機會訓練寶寶看鐘，如上床的時間、爸爸下班的時間、買菜的時間、該回家的時間……等。試試看，養成習慣提早個五到十分鐘對寶寶說：「寶寶你看鐘，等長針指到最上面零的時候，我們就要收拾玩具，準備出門了！」相信這麼一來，您的寶寶將會比過去在毫無預警的情況下被通知：「時間到了，把玩具放下，我們現在要出門了！」時，更為合作、更為乖巧和懂事。不僅如此，您還在同時造就了一個非常有時間觀念的超級寶寶哪！

培育小小順風耳

如何訓練寶寶專心聽人說話的本事呢？在這個電腦世代中，人們時常忙碌得「有聽沒有到」，甚至於沒有時間靜靜地聽，以至於喪失了聽的習慣。我們鼓勵家長們從小即幫助寶寶朝向「真心聽懂」的境向，成功地發展。以下是三項能夠提升孩子聽力技巧的親子遊戲。

「猜猜我在想什麼？」

先在心中挑一件屋內的物體，這件物體必須是清晰易見的。對寶寶說出幾項有關於這件物體的提示，讓他可以猜出您腦子中所想的是哪一件物體。

例如，「我在想一件東西是木頭做的，有四雙腳，和一

個背。」或是：「這件東西有圓胖胖的肚皮，一個把手和一個長長的開關，和水有關係的。」

當家長們「出題」的時候，請刻意避免有關於動作的謎題，如「吃飯用的」或「用來放書的」，以免寶寶一下子就猜出答案。

家長們也可邀請寶寶和您輪流來出題。一般來說，寶寶所出的謎題多半是較爲模糊籠統，並且充滿著許多有關於「大小」、「顏色」等的形容詞。

例如，寶寶會說「是紅色的」、「很大的」，來暗指媽媽的雨傘。在這種情形下，爸爸如果猜成是紅色書面的百科全書，對於寶寶而言，也是十分正面的教育，寶寶因而會在下一次更加仔細與小心地來描述心中的物體。

「哪一個聽起來和我的一樣？」

找四個一模一樣的空盒子（洗乾淨的牛奶盒，或餐盒都可以），放一個盒子在您自己的面前，將其他三個盒子放在寶寶的面前。接下來，請先找一雙完全相同的物體（如一對骰子、一副耳環、二支一樣的湯匙，或是兩把同樣的鑰匙），將其中之一放在您面前的盒子中蓋好，另外一個則放在寶寶面前三個盒子中的一個。另外，再找兩樣不同的物體放入其他的兩個空盒子中。

現在，您和寶寶的面前應該總共有四個一模一樣，裝了東西，蓋好了蓋子的盒子。在寶寶面前的三個盒子之中，各自裝有一件不同的物體，而其中有一樣是和您面前盒子中的物體完全相同的。

先將您面前的盒子給寶寶，讓他搖晃盒子，仔細聽聽

所發出來的聲音。接下來，讓寶寶依序拿起他面前的三個盒子，搖晃傾聽之後，試著依聲音找出和您的盒子中裝的是相同物體的盒子。

這個遊戲的用意在於訓練寶寶靜下來專心聽的本事，家長們可以在寶寶猜對了之後，給予適當的獎勵，並且適時地變換盒中的內容物，以保持這個遊戲的新鮮感與神秘性。

悄悄話

這是一種「以退為進」的引導方式，說悄悄話！

蒐集五件寶寶喊得出名稱的物體放在他的面前，請您坐在寶寶後面離他不遠處，以「悄悄話」說出其中一樣物體的名字，讓寶寶將正確的物體指出來。家長們可以自由提高或壓低「悄悄話」的音量，來調整這個遊戲的難度。

您也可以和寶寶輪流來做說悄悄話的人，兩人比一比誰可以聽得比較真切，猜出比較多的答案。

以上這三種有趣的親子活動可以訓練寶寶敏銳的聽力，親愛的家長們，您願意帶寶寶一同來試試嗎？

剪貼簿、對比和關聯

利用一本最傳統的剪貼簿，捲起衣袖，親自動手帶領寶寶從書、報、雜誌中剪下他所喜歡的圖片，經過巧妙的排列與組合之後，即可成為一本自製的圖畫書。這本書可以幫助您教導寶寶物體之間的對比與關聯，是一樣有趣、有意義又獨一無二的愛的教材。

對比

　　現在正是教導寶寶「對比」觀念的好時機，家長們也許要先花一點時間爲寶寶解釋「相反」和「反義字」的意義，然後，即可利用自製的剪貼圖畫書，帶領寶寶進入有趣的「對比世界」。

■ 大和小。找一張大象和一張小老鼠的圖片，貼在同一頁上，瞧瞧，大象是不是比老鼠大得好多好多！

■ 濕和乾。試試看能不能夠找到一張有個孩子渾身濕淋淋地在傾盆大雨中玩水的圖片，再配上一張寶寶安適地在玩具堆中搭積木的圖片，即可清楚地刻劃出濕與乾的對比。

■ 快和慢。一張有人騎在摩托車上風馳電掣的圖片，可以搭配一張老人家拄著枴杖慢慢走的圖片，來突顯快和慢之間的差別。

■ 軟和硬。拍一張寶寶穿著睡衣、打著赤腳，躺在一堆枕頭中的相片，再拍一張寶寶穿著厚外套、小皮鞋，坐在門外水泥地上的相片，把兩張相片貼在一起，寶寶一定會立刻打開話匣，爲您描述枕頭有多麼的柔軟，而水泥地又是多麼的堅硬。

■ 屋內和屋外。一張全家人圍桌吃飯的相片可以代表屋內，而一張一群人在海邊野餐的相片即可以代表屋外。

　　漸漸的，家長們應該可以不用再借助於剪貼圖畫書，只

要隨時問寶寶：「大的相反是什麼啊？」寶寶即可不必依賴圖片而自行答出：「小的！」

關聯

利用同一本剪貼圖畫書，家長們還可以教導寶寶許多關聯性和聯想性的思考，訓練孩子舉一反三、旁徵博引的能力。

先將二至三張不同的圖片放在寶寶面前，接下來，您可以問一個「引線性」的問題：「寶寶，這三張照片，哪一張會說：『汪！汪！汪！』？」為了要回答這個問題，寶寶必須先將小狗和汪汪的叫聲在大腦中串連在一起，然後指出小狗的圖片，告訴您正確的答案。

其他有趣的例子如：

「哪一個會在天上飛啊？」

「哪一個摸起來是冰冰的？」

「哪一個含在嘴裡會有甜甜的味道？」

對於那些寶寶無法第一次即答對的圖片，您可以明白地對寶寶說：「瞧，小金魚會在水中游泳耶！」然後放下這張圖片，過一陣子再問寶寶：「會在水中游泳的是誰呢？」如此，想必寶寶將很快地學會「魚兒水中游」的道理。

經過一段時日的練習之後，寶寶應該可以和家長互換角色，由他來出題，您來答。您將會驚訝地發現，這個尚且不滿三歲的孩子，小小腦袋瓜子竟是如此的靈活、聰穎和令人欣慰啊！

心動、行動自我分析法

　　在管教孩子的過程之中，家長們所時常產生的力不從心、一籌莫展和悲憤填膺的感受，並不是那麼的離譜，也並不是那麼的不尋常。

　　許多家長們經常在夜深人靜時，輾轉反側，捫心自問：「為什麼寶寶會這麼不聽話？他怎麼可能如此的軟硬皆不吃？不論我用什麼方法似乎都沒有用？」更多的父母們會在與寶寶「對決」之後，悔恨自己所說出，和所做出無法收回亦無法更改的言行與舉動。

　　願意在孩子每一天的成長結束之前反省自身的家長們，《教子有方》建議您利用本文以下所闡述的「心動、行動自我分析法」（Transactional Analysis）為準則，誠懇深切地剖析自我，面對問題的核心，釐清解決的方式，才能真真正正地擺脫心中煩亂的根源。

　　「心動、行動自我分析法」是由柏尼・艾克（Eric Berne）博士所設計，專門為了幫助陷於窘境、進退兩難、不知如何是好的家長們，先看清楚問題的癥結，再設法解決的自我反省心靈地圖。

　　根據柏尼・艾克博士的定義，每一個人的人格，都是由三種不同的自我狀態（ego states）所組成的，這三種自我狀態包括了：「我是小孩」、「我是父母」和「我是成人」，每個人在一生之中不同的時期，他們的心情和立場，可以不知不覺，亦可以自制地處於這三種心態的任何一種之中。

　　重要的是，這三種自我狀態早在每一個人兩歲的時候，

即已壁壘分明地存在於各自的性格之中。從此之後，每當一個人與人交往，和外界溝通時，他即會處於三種自我狀態中的其中一種。同樣的，這個人的「對手」，也是處於這三種狀態之一，而這兩個人之間的互動關係，即會相似於當我們玩「剪刀、石頭、布」時的各種組合，不同的後果與結局便會因此而相繼發生。

生活實例

這是一年一度中秋來臨之前的傍晚，爸爸和媽媽已經為了當晚的團圓飯忙碌了一整天，他們清早起床即上市場買菜，然後是未曾間斷的洗洗切切，整理屋子，好不容易終於一切準備就緒，餐桌上舖著全新的繡花桌巾，擺著全套漂亮的磁製餐具，水晶花瓶中有嬌艷欲滴的鮮花，還有好幾道媽媽花了好幾天時間調理出的精緻冷盤。爸爸和媽媽正在臥房中忙著梳洗更衣，門鈴隨時都可能響起，快樂中秋夜晚的序曲已經展開……。

突然之間，一陣混亂的巨響傳到剛剛戴上珍珠項鍊的媽媽耳中。媽媽衝出臥室跑進餐廳，「天哪！」她簡直是不敢相信眼前的景象，大腦之間一片空白，一時之間竟不知該如何是好。

不必多問，寶寶闖禍了！他一定是為了要爬上餐桌看清楚這一整桌漂亮的擺設，而在蹬攀著椅子往上爬時，不小心滑了一跤。不幸的是，當寶寶滑倒時，他情急之下，慌亂之中伸出小手，剛好抓住了繡花桌巾的一角，因此，整桌「爸爸媽媽的心血」，也就隨著寶寶的跌倒，而「大珠小珠落玉盤」地順勢撒落在原本光可鑑人的地板上！

心動分析

在這個關鍵的剎那，媽媽的心正在兩個不同的極端之間快速擺盪。一方面她非常生氣寶寶所闖的禍，另一方面，她也非常擔心寶寶是否受傷了，是否嚇壞了？

但是，媽媽會採取什麼樣的行動呢？以下讓我們一起來做一些行動分析。

行動分析

〔媽媽的自我狀態〕

做媽媽的此時可以經由三種自我狀態的任何一種來反應這件事：

1. 我是小孩：「為什麼我這麼倒楣，每次請客都這麼不順利！」
2. 我是父母：「寶寶你怎麼這麼壞，這麼不乖，這麼會搗蛋？」
3. 我是成人：「寶寶你不小心闖禍了嗎？有沒有受傷？瞧瞧，客人馬上就要來了，你可不可以快點來幫媽媽一起收拾？」

〔寶寶的自我狀態〕

同樣的，寶寶也有三種不同的選擇來面對滿室的凌亂：

1. 我是小孩：「我不是故意的，我不小心才摔跤的！」
2. 我是父母：「我真是不應該爬椅子、爬桌子的！」
3. 我是成人：「媽媽，我會幫你收拾，趁客人來之前快快把桌子重新擺設好！」

小孩、父母和成人

〔小孩心態〕

　　在我們每一個人心中的「小孩狀態」，都是來自於童年時期所存留下來的「經驗紀錄片」！有許多生活中愉快的感受，是我們樂於以「我是小孩」的心態來體會的，週末午後無拘無束躺在床上睡午覺的心情，便是一個好例子。同樣的，生命中有許多負面的事情，也會使我們不由自主地回到孩提時期的情景之中。想想看，當我們在工作上被上司狠狠地修理、指責之後，心中油然升起的「我不好」、無依、無助的痛苦，不正和上述闖禍寶寶當時心中的感受一模一樣嗎？

〔父母心態〕

　　在我們心中所浮現的父母心態，是由我們的父母和對我們擁有父母威嚴的人物，藉著生命中的每一個事件，點點滴滴地累積和堆砌而成的。對於三歲的寶寶而言，他心中「我是父母」的心態，可說是完全倒影自他的父母。

　　不信的話，下一次當寶寶對著洋娃娃「發號施令」，或是「管教」襁褓之中哭鬧不已的小弟弟或小妹妹時，您只須稍加留意，即可在孩子的身上看到自己的影子。

〔成人心態〕

　　成人心態是本文的重點，也是「心動、行動自我分析」的精華，代表著一個人在蒐集了許多必要的資訊之後，能夠保持冷靜，以理智、客觀和公正的方式，來消化處理這些資訊，並且以「成人」的方式，來採取必要的因應措施。

　　也就是說，當一件棘手的事情發生時，我們可以「不是

小孩」，「也不是父母」，而是藉著自我的要求，刻意與努力地昇華到「我是成人」的境界。

延續前述的生活實例，媽媽的反應也許是：「我再也忍受不了了！」（我是小孩），也許是：「我要把寶寶狠狠地修理一頓！」（我是父母），但是如果她能機警地保持足夠的冷靜與理智，在深深的吸了一口氣之後，她也許能夠進入「我是成人」的思考空間：「快點收，在客人上門之前，也許我們還來得及把飯桌收拾好！」

漂亮出擊

〔要怎麼收穫先怎麼栽〕

處於「我是成人」自我心態的父母們，比較容易得到子女「成人」的回應。

例如，上文中闖禍的寶寶將會以立即動手幫忙收拾的行動（我是成人）來回應母親「成人地」邀請。相較於「我是小孩」（寶寶什麼也不做只會難過得不停地哭泣）和「我是父母」（寶寶生氣地自己跑回房間，把他自己關在裡面不肯出來）的這兩種於事無補的反應，懂得以「我是成人」的心態來面對生活的寶寶，無疑將是生命的大贏家！

父母愈能以「我是成人」的姿態來與寶寶交流，孩子心中屬於「成人的」空間也就愈能得到伸展拓寬的機會，表現在外的，即是一個既成熟又懂事的好孩子。

〔彈性外交〕

換一個角度來說，父母們也並不是永遠要扮演「成人」的角色。

當孩子犯了錯，需要父母的糾正時，您還是應該盡到

「嚴父嚴母」的職責。例如，當寶寶在過馬路時，如果他不守交通規則到處亂跑，那麼身為父母的您，無論如何都必須義正嚴詞地告誡寶寶：「馬路上車子多，非常危險，絕對不可到處亂跑！」

而當寶寶拿起一支鉛筆，對著鏡子描繪自己的眉毛時，家長們也不妨「放下身段」重拾孩提時期的童心，和寶寶一起開心地在自己的臉上畫個漂亮的臉譜，好好的享受「我是小孩」的樂趣。

結論

總而言之，「心動、行動自我分析」的功能在於提供家長們一個思考的架構，為親子之間的來往互動，做一個深切與客觀的分析。當您對於自己與孩子的交往模式有了正確的瞭解之後，才能理性地決定這個既存的模式是否有修改的必要，以及需要改進的方向。

在父母與子女的關係之中，您心中「我是父母」的想法並不是唯一能夠改變孩子的方法。父母們如果願意努力地修改自己說話時的態度與口吻，以「成人」的心態來接納與尊重寶寶的言行感受，那麼「我是父母＋我是小孩」的親子關係，即可成功地被轉換為「我是成人＋我是成人」的良性互動，使得親子雙方都能以最佳的狀態，來處理他們的心動與行動。

親愛的讀者們，鼓勵您投資一些時間和心力，為您和寶寶之間的關係儘早做個徹底的「心動、行動自我分析」，《教子有方》保證您日後所得到的回報，必將是多得難以計數的。

P.s.. ────────── 提醒您 ❗ ──────────

❖多多差遣寶寶做家事。

❖幫助寶寶拒絕成為「放羊的孩子」。

❖把握機會教寶寶看鐘。

❖別忘了要做好「心動、行動自我分析」的作業喔！

迴　響

親愛的《教子有方》：

　　我喜歡您們充滿智識，卻又淺顯易讀的內容！

　　許多時候，如果沒有您們的提醒，小女在成長過程中一些細微但是重要的進展，我是絕對沒法自動發現的。

　　謝謝您！

馬千瑞（美國紐約州）

第十二個月

揮別嬰兒期

恭喜您，寶寶三歲了！從此以後，不論您以何種角度來看寶寶，他都不能再被歸類為「嬰兒」了。展現在他面前的，將是一段生動有趣、多采多姿、無拘無束並且自由自在，一生中只有一次的「美好童年」。

寶寶在過去三年之中以最快的速度，脫胎換骨般地完成了難以數計的「成長作業」，不論是在體格、心智、情感和人際關係方面，寶寶的進步在在令人嘆為觀止！

三歲的寶寶能走、能跑、能跳，甚至於還能踩出一些花俏的韻律步伐。他一雙靈巧的小手會開門、關燈、刷牙、喝水、丟皮球，還會握著胖胖的蠟筆在紙上塗鴉。

寶寶說話的速度和用詞遣字的能力已達到了「有模有樣」、「可圈可點」的程度，他還會對身邊的大人和小孩表達心中的感受。

現在的寶寶十分的懂事，對於家中一應的規矩、習慣和作息，寶寶不僅是瞭如指掌，應付自如，還喜歡發號施令做小小的糾察隊員。而外界環境與人事對於他的要求，寶寶也已開始學習如何「見風轉舵」地去適應。

您的寶寶正處於一個從「嬰兒」轉變為「兒童」的重要轉型期，《教子有方》願意在此再一次與您一同為寶寶的成長做個總整理（請參閱下頁「學習進度表」），以確定寶寶在踏入另一個嶄新的人生境界時，擁有十足的身心裝備。

親愛的家長們，還記得「標準寶寶」的定義嗎？當您在仔細審核寶寶的學習進度表時，請別忘了這份學習進度表，

是我們根據「標準寶寶」的成長進度所擬定的。而「標準寶寶」代表的是「三歲寶寶的平均值」。也就是說，每一個單獨的項目，都將有大約一半的真實三歲寶寶，會超出「標準寶寶」的進度，而另外一半的三歲兒童則會落後於「標準寶寶」。

因此，您心愛的三歲寶寶將在學習進度表中的某些項目上輕鬆過關，而在某些其他的項目上則仍需繼續努力。這是百分之百正常的現象，提醒您，千萬不可期望孩子在每個科目上的表現都是「已達成」！

好啦！有了以上的心理建設，相信您一定已經準備好和我們一起來為剛滿三歲的寶寶，做個客觀的總評估！

學習進度表（第三十六個月）

（請在此表空格處打勾或是記下日期，以為寶寶三年來的成長做個總整理）

社交與情感

_____開始結交並保有一些特別親近的朋友。

_____喜歡有小朋友來到家中和他一起作伴玩耍。

_____慢慢懂得了「輪流玩」的道理。

_____能夠與人「分享」，並且與人「合作」！當寶寶想玩別的孩子正在玩的一樣玩具時，他甚至於還會先問：「我可不可以玩？」

_____在恰當的時機說出「請」和「謝謝」。

_____和玩伴們一起「扮家家酒」和各式「假裝」的遊

戲。

＿＿＿＿＿＿＿對於周遭人物的姓名和稱謂已有相當程度的明

瞭。

＿＿＿＿＿＿＿覆誦他人所說過的詞句片語。

＿＿＿＿＿＿＿對於他所喜愛的成人和兒童，寶寶會展現出無比

親切的摯愛與情感。

＿＿＿＿＿＿＿看得懂他人的喜怒哀樂。

＿＿＿＿＿＿＿會自己使用電視遙控器從許多電臺中找到一個他

喜歡看的節目！

與人溝通

＿＿＿＿＿＿＿認得出寫在紙上寶寶自己的名字。

＿＿＿＿＿＿＿認得兩個或是兩個以上的方塊字、阿拉伯數字，

甚至於英文字母。

＿＿＿＿＿＿＿當有人問起時，寶寶可以成功地自我介紹他的姓

名、年齡和性別。

＿＿＿＿＿＿＿經常使用「為什麼？」、「誰？」、「哪裡？」

等問句來發問。

＿＿＿＿＿＿＿知道好幾首兒歌，可以跟著哼上一小段，甚至於

還可獨自唱完幾首。

＿＿＿＿＿＿＿會自言自語地將近來發生的一些事情對自己重述

幾遍。

＿＿＿＿＿＿＿可以和大人或是其他的孩子一本正經、有來有往

地聊天。即使是一個局外的旁觀者，也可以很容

易地聽得懂寶寶聊些什麼。

＿＿＿＿＿＿＿喜歡在電話中和家人說話。

_____文法時有不正確之處,有些片語也仍會自行張冠李戴地錯誤使用。

_____很會使用「我」這個字,如「我的」、「我要」、「給我」等。

_____能夠一口氣背書般流利地從一數到十,但是還不算真正懂得超過二或三的數量是什麼意義。

精確的舉止

_____可以標準地運用大拇指、食指和中指夾住一支鉛筆。

_____可以有樣學樣地畫出兩個以上的幾何圖形(如方形、圓形、三角形……等)。

_____畫得出一個可愛的人形,兩條長長的腿可能是直接連在圓圓的腦袋下,兩隻伸得長長的手臂,也可能是從耳朵的部位長出來。

_____可以利用蠟筆和畫筆將整張紙塗滿色彩,而寶寶作畫的內容,也要等到全部完成之後才能宣布。

_____會用剪刀剪紙,但是可能還無法剪得筆直。

_____用一條鞋帶穿大珠珠。

_____獨自拼好一張由五、六小片所合成的簡單拼圖。

_____可以用六塊,或是更多塊相同的方塊積木,疊羅漢地搭起一個積木塔。

_____旋轉門把打開一扇門。

整體的動作

_____健步如飛地向前走,倒退走,和向兩側走。

_____走路的時候會像大人一般自然地擺動雙臂。

_____向上跳和向前跳，每一次可移動大約十幾公分的距離。

_____獨自上下樓梯，仍然是先將兩隻腳在同一階梯上完全踏穩了之後，才會再往上（或下）邁出另一步。

_____當有人牽住寶寶的小手時，他可以左右雙腳連續開攻，一腳踏得比另一腳更高一階地上（或下）樓梯。

_____單腳（依寶寶的習性自由決定左腳還是右腳）向前連續跳一次（或更多次），而如果是單腳站立（如金雞獨立），則只能維持短暫的剎那。

_____可以在一條直線上前進行走而不偏離。

_____不費力地騎著一輛三輪腳踏車，並且能夠隨意轉彎、自由前進和後退。

_____在公園或遊戲場中，寶寶可以爬上溜滑梯的梯子，自己溜下滑梯。但是滑梯的出口如果離地較高，他仍然會需要大人扶他一下，方才能夠成功地「降落」地面。

_____用小腳去踢一個滾動中的球，但是五次之中，大概只能踢中三次。

_____朝著指定的方向單手丟出一個皮球，與皮球同側的一條腿，還可能會同時往前跨出一大步。

_____如果有人在兩公尺以內的距離對著寶寶拋出一個大大的球，他會伸出雙手將球穩穩地接住。

獨立自主的能力

_____大致可以自己穿脫衣服了，尤其是開襟在前的襯衫和外套、長褲、內褲等，寶寶已能應付自如。相反的，對於套頭的毛衣、細小的鈕扣和拉鍊和十分複雜的鎖扣，寶寶則仍然需要一些大人的協助。

_____自己洗手、洗臉，並且用毛巾擦乾。

_____只要有人幫寶寶將牙膏擠好在牙刷上，他可以自己正確切實地刷牙。

_____正確地將左右兩隻鞋子穿在腳上，但是仍然無法自己繫鞋帶。

_____會自己抽一張面紙擦鼻子。

_____坐在桌上用叉子、湯匙，甚至於筷子乖乖地吃飯。

_____吃飯的時候會用餐巾、手帕或是面紙擦手或擦嘴。

_____懂得遠離危險保護自己。看到滾燙的熱水和正在使用中的電熨斗，會自動地保持距離，以測安全。

_____對於金錢已有了一些基本和粗淺的概念。

此表僅供參考用。每一位兒童都按照不同的速度與方向來發展，他們在每一項成長課目上所花的時間，也完全不一樣多。此表中所列出的項目，代表著三歲大的幼兒所有「可能」達到的程度。一般說來，大多數健康而且正常的兒童，會在某幾個項目中表現得特別超前，但也會在其他的一些項目中，進展得比「平均值」稍微緩慢一點。

童心旋律

音樂是生命中如蕾絲花邊般溫柔的緩衝，富於音樂的人生是美麗多姿的，而現在正是有心的家長們採取行動，爲寶寶奠定一些音樂基礎的大好時機。

每一個孩子都有與生所俱喜愛音樂的傾向，以及製造音樂的潛能，這些傾向和潛能需要正確的加以誘導、啓發和培育，日後才能結出豐盛壯碩的果實。我們經常會聽說，或是會遇見一位九、十歲大的「音樂神童」，其對於音樂的領悟與素養，直教人欽佩羨慕，不得不刮目相看。然而一般人可能不知道的是，音樂方面的優異才能，就像所有美麗的花朵一般，絕對不可能是一夜之間即盛開綻放，而在美麗的成就背後，長時期辛勤的耕耘和抽芽含苞的努力過程，更是絲毫懈怠馬虎不得。因此，兒童如能在就學之前經常浸淫在音樂之中，對於塑造一個充滿音符與旋律的人生，著實扮演著功不可沒的重要角色。

那麼，該如何做才能事半功倍地啓發孩子的音樂天性呢？對於三歲大的幼兒而言，最好的方式即是「非正式」的薰陶，避免正經八百嚴肅地教授。家長們除了可以多多利用家中的音響和樂器，讓寶寶養成聽音樂的習慣之外，亦可參考以下我們所建議的幾項簡單方法：

背景音樂

在寶寶玩耍、畫圖，甚至於學習的同時，不妨添加一些有趣的背景音樂。因爲幼兒對於樂聲、旋律與節奏會本能地

產生相對的回應，背景音樂的存在，除了能強力灌輸孩子對於音樂的認同，更可以幫助孩子學得既專心又踏實。

帶動唱

在生活之中，鼓勵家長們隨時把握機會，帶著孩子邊聽音樂、邊唱歌，還同時跟著歌詞做動作。不論是代代相傳的童謠、當時的流行歌曲，或是電視上的廣告歌，這些曲調都會在寶寶哼哼唱唱、跑跑跳跳之餘，將音符在寶寶的心靈深處刻下深深的印記！此外，四肢與樂聲歌詞的協調、拍子的準確及整體氣氛的流暢，亦可訓練寶寶未來在求學的過程中不可缺少的「領悟與動作協調能力」（perceptual-motor coordination）。

口水歌

幼小的孩童喜歡自編自唱一些無中生有的創作曲，家長們可以藉著參與寶寶的「大作」，鼓勵孩子更加起勁地將他的「口水歌」淋漓盡致地唱個不停。雖然在這些自我創作曲中寶寶所使用的「歌詞」，可能聽不出些什麼內容，但是這些「咿咿唔唔」的歌曲，卻能有效的紓發幼小心靈中所堆積的各種情緒、自我意識，以及獨一無二的人格特質。

定心丸和安眠藥

別忘了人類自古以來為孩子哼唱催眠曲的本能！當父母們以輕柔的歌聲，好整以暇地為孩子唱起搖籃曲時，除了能培養孩子對於音樂的愛好，更加能幫助寶寶鬆弛身心的緊張，舒緩各種有形無形的壓力，安然地進入夢鄉。此外，當

孩子處於一種不安全、不自在、不平和的狀態中時（如長途旅行中既興奮又害怕的心情），父母親慈祥又溫婉的嗓音配合著熟悉的曲調，即能幫助孩子很快地定下心來，不再慌亂煩躁坐立不安。

親愛的家長們，何不試試以上這幾項簡單溫馨的方法，為寶寶日後的音樂造詣打下一些重要的根基。雖然說並不是每一個學音樂的孩子將來都會成為音樂大師，但是一旦藉著學習，而使音樂成為孩子生命中不可分割的重要部分之後，個中的甜美奧妙與各式好處，是數不清也說不盡的。

以兒童心智發展的立場來看，音樂可以幫助孩子心智思想方面的紀律、注意力、專心的能力，以及記憶力等各種層面的學習與長進。只要家長們掌握住本文所介紹的生活化方式，來為寶寶的生命添加美好的音符，相信您這份用心良苦的投資，必能很快地為親子雙方帶來難以言喻的喜悅與甜蜜！

背著書包去上學

不論是安親班、幼兒園、托兒所或是幼稚園中的小小班，三歲的孩子或多或少都已背著書包「上學」了！

在父母皆全職工作的家庭中，許多寶寶此時正從保母家或是爺爺、奶奶家「畢業」，正式開始上「學前班」。即使是由父母親身在家照顧的孩子，此時也多少會因為教育和社交制度的考量，而踏出上學的第一步。

如何為您的孩子選擇一份最佳的「學前教育」呢？在種類繁多的各種學前班中，除了價格差別極大之外，教育的內

容與管理方式，皆有極端不同的做法。舉例來說，有些學前班是以教學爲主，孩子每天來上學，幾乎就像個眞正的小學生般，在課堂中專以吸收知識爲重點。另外也有一些學前班是以遊戲、美勞、唱遊爲主，以「兒童樂園」爲其命名，似乎並不爲過。

在您評估了客觀條件中的價格、地點、時間等因素以後，請別忘了在下決定以前，要先仔細地參觀這所學前班，以下列我們爲您整理出的項目，愼重地分析這所「學校」，是否爲寶寶最佳的選擇！

同 學

■ 目前正就讀其中的孩童看來是否很開心？

■ 這一群孩子彼此之間的交流是否健康開朗？例如，他們是否表現出排隊、輪流及分享的行爲？

■ 孩子們在教室中是否可以自由發言，不論是對大人還是其他的孩子說話，他們所得到的回應是否鼓勵多於限制？

■ 老師們所帶領的活動是否有趣，是否富於教育與社交方面的價值？

老師與員工

■ 學前班中的老師與負責人看來是否和藹可親？對孩子們是否尊重且友善？

■ 老師們是否都具有正規的訓練，以及擁有合格的證書或執照？

■ 每十五位孩童是否至少有兩位老師或大人的導護？

▓ 老師們是否願意瞭解並配合每一個孩子特殊的需要？

家長的參與

▓ 家長們是否可以自由地參與或旁觀孩子在課堂中的一舉一動？對於家長們所提出參與的要求，校方的態度是鼓勵、無所謂還是反對？

▓ 家長們向校方所提出的建議，是否能被歡迎地接受？或是產生不了任何作用？

▓ 是否有家長會的存在，以監督校務的運作？

▓ 老師們是否會在一段時間之後與父母討論寶寶的進展？而在討論時，是否能提出寶寶的長處及弱點？

▓ 校方是否提供有書面的校規、守則、大事曆及意外發生時的處理方式？

校園

▓ 校舍建築是否安全？

▓ 是否安裝測火器及滅火器？逃生出口是否暢通無阻？校內是否定期舉行火災逃生演習？

▓ 餐飲點心的烹調與儲存是否達到安全標準，食物的內容是否健康營養？

▓ 教室中的門窗通風設施是否完善？

▓ 室內是否有至少十至十二公尺見方的活動空間？

設備

▓ 室內和室外的場地是否裝設有足夠的學習與玩耍的設備？

■ 戶外的活動場所是否安全？溜滑梯、盪秋千、蹺蹺板等是否堅實牢固？

■ 教室中的學習教具是否充裕，沙堆、黏土、繪圖顏料紙筆等發揮性的教材是否足夠？

■ 輔助教材是否生動有趣？積木、故事書、拼圖等玩具是否齊全？

■ 電子設備是否安全好用，舉凡錄音機、磁碟機、電視機、電腦等電子裝備，是否適合孩子的年齡，簡單容易操作？

總而言之，在一個優良的學前教育課程中，每一孩子應該都是開開心心、熱情好學的，老師們每天總是積極有勁地設計著生動有趣的課程，家長們會主動熱心地參與孩子的學習，教室中各式教材設備齊全好用，戶外遊樂設施安全好玩，在這麼一個充滿啟發又有意思的學習環境中，孩子們心智體魄的發展必能全方位地成功！

解讀童稚的心

隨著孩子日漸的長大，愈來愈多的時候，家長們會陷於一種「但願我能明白寶寶心裡在想些什麼」的窘境之中，寶寶的所作所為不但令人難以捉摸，無法瞭解，有的時候還會激怒愛他的父母親人，為他自己也帶來不少麻煩。

當這種情況發生的時候，父母親必須做到很重要的一件事，就是即時警覺地提醒自己：「寶寶三歲，我三十歲，他的想法當然和我的想法大不相同。」然後，再試試看能不能

設身處地的從寶寶的立場來分析他的行為，最後，也許能夠因為認同寶寶的想法，而接受他的行為，進而能採取更具有建設性的教導方式。

三歲寶寶的心靈地圖是如何規劃的呢？他小小童稚的心又是依據著何等的邏輯而運行呢？

著名的瑞士兒童心理學平傑·勤教授（Jean Piaget）是研究幼兒思考模式的傑出學者，在他多年的論述之中所闡明的幾項重點，包括了幼小兒童以自我為中心（egocentric）的思考特質、利用代號來表達心意（symbolic representation）、關聯性的推理（transductive reasoning），以及思路無法倒車（irreversibility）。

自我中心思考模式

所謂的自我中心思考模式，是指寶寶只會從他們自己的立場，來觀察與參與生活中所發生的各種大大小小事情。三歲的幼兒仍然無法「設身處地」地為別人著想。在寶寶與周遭的大人或玩伴之間所發生的衝突與摩擦，大多數都是導因於他的自我中心思考方式。

仔細想想，其實這種自我中心思考方式在成人之中也是屢見不鮮，使得我們經常無法從他人的立場來看一件事情。試試看，先在紙上隨意寫出幾個國字（如《教子有方》），然後試試看，您有沒有辦法以坐在對面的人為標的，將這幾個字倒著寫出來給他看？您覺得做這件事十分困難嗎？現在，讓我們告訴您一個竅門，只要您先把第一張已寫好《教子有方》的紙旋轉一百八十度，那麼，您即可正確又輕鬆地「倒寫」這幾個字了。懂了嗎？當我們掉轉錨頭，以「對

方」的角度來放眼人生時，許多問題與難處即會豁然開朗迎刃而解！

家長們可以從以下兩種簡單的活動，看出三歲寶寶的自我中心思考模式。

〔測試一〕

爸爸或是媽媽可以問寶寶：「寶寶，你有沒有朋友啊？」

寶寶會問答：「有啊！」

您接著問：「寶寶的朋友是誰呢？」

寶寶說：「是元元。」

您再問：「那麼元元有沒有朋友呢？」

寶寶會說：「沒有，元元沒有朋友。」

瞧，三歲的寶寶還不會從元元的立場來面對世界。

〔測試二〕

和寶寶面對面地坐在一張桌子的兩側，在桌面上放一個洋娃娃，讓洋娃娃的臉對著您自己，也就是背對著寶寶。問寶寶：「寶寶，你現在看見什麼？」寶寶會說：「我看見洋娃娃頭上的蝴蝶結，一條馬尾巴和洋裝上的拉鍊。」接下來您可以問寶寶：「那麼媽媽看見了什麼？寶寶可不可以猜猜看呀？」

大部分三歲的幼兒對於這個問題的回答，都是錯誤的。他們不會「想」到您看到的是娃娃的臉，而會以為您所見到的是和他完全相同的景觀。在幼兒目前這個成長階段，他們顯然無法明白，為什麼當不同的人從不同的角度去看相同的一件物體時，所見到的會是不同的景像。

在寶寶連續失敗幾次之後，您可以請寶寶走到您的身旁

來，從您的方向來瞧瞧洋娃娃，讓他恍然大悟地明白，洋娃娃在您的眼中是何等的模樣。

〔教子之方〕

您現在已清楚地看出三歲寶寶的思考方式，是十分以自我爲中心了嗎？

不論是從社交的觀點，還是從心智發展的立場來說，能夠逐漸地學會接受他人的想法，都是一個極爲重要的成長里程碑。身爲父母的您，目前所最應該做的一件事就是鼓勵，並且多多製造機會，使寶寶能夠有機會多和別的孩子一起玩耍。社交的經驗是寶寶能夠學會「爲人著想」所必須的重要過程。

一個以自我爲中心的孩子在和別人一起玩的時候，是絲毫不會把其餘的玩伴放在心上的。舉個簡單的例子來說，當三歲的寶寶和幾個年紀相仿的孩子們玩套圈的遊戲時，他會堅決地不願和玩伴們輪流，而要不斷地拋擲嘗試，直到他把「獵物」圈中了爲止。

家長們在此時不必去對寶寶浪費唇舌，因爲無論您再說多少次，寶寶都不會瞭解他的「一意孤行」是何等嚴重地傷害了玩伴的心。家長們此時可以使出「鐵腕」的作風，清楚地讓寶寶明白，如果他無法遵守禮讓輪流的遊戲規則，那麼他是絕對不被准許繼續玩下去的！對三歲的寶寶而言，這種實際生活中的「報應」，要比空洞的大道理，更能有效地改善寶寶「獨尊自我」的思想與行爲。

漸漸的，當您的寶寶開始會在別的孩子傷心哭泣時，表現出主動安慰的行爲（如擁抱、親吻等），那時您就可以鬆一口氣，欣慰地明白寶寶已逐漸長大，他開始主動掙脫自我

中心思考模式，能夠以更加寬闊開放的心靈，來迎接世界的挑戰了！

利用代號表達心意

三歲的寶寶還有一個重要的思想特徵，那就是他們喜歡以代號來表示（symbolic representation）一件物體或是一個事件。

例如，當寶寶說「熊熊」的時候，他所真正想要傳達的本意是「在過生日的時候，奶奶送我的那隻灰色無尾熊」，而不是隔壁乖乖的粉紅色小熊貓。隨著寶寶漸漸的成長，他遲早都會將「熊熊」的定義抽離真假、大小、顏色和主人的限制，而能懂得最廣泛的「熊」的意義。但是在目前，寶寶使用「熊熊」二字的心態，卻是非常的堅決，並且會因為自我的因素而發生極大的偏差。

寶寶以代號來表達心意的「癖好」，也會在他日常遊戲玩耍的時候表露出來。他假裝自己是「爸爸」，屋角的小方桌是一個「小山洞」，他也在遊戲中間接地以某些代號（如洋娃娃罰站）來吐露小小心靈中所積壓的憂傷愁苦。

這種包含著許多代號的表達方式，對於三歲幼兒所扮演的是心靈與言語方面雙重的功臣！以語言來說，文字的本身即是一種表達性的符號，三歲的寶寶所經歷的代號性表達方式，正可幫助他更加迅速與深入地掌握語言之中最困難，也是最高深的境界。而在心靈方面，代號性的表達方式，所提供的則是一種間接、婉轉及技巧性的自我情緒平衡練習。

關聯的推理

平傑‧勤教授將幼小兒童的思想方式稱為傳遞性的推理（transductive reasoning），有別於成人所習慣與熟悉的歸納性的推理（deductive reasoning）和演繹性的推理（inductive reasoning）。

在歸納性的推理過程中，我們的思考範疇是由大而小，由粗而細，由廣泛而特定。例如，我知道「茉莉花一定都是白色的」，因此當我在園中栽下一株尚未開花的茉莉花苗時，我心中會十分篤定地相信，「明年春天所開出的花一定是白色的」！

相反的，演繹性的推理引導我們的思考由小而大，由窄而寬，由少數而多數。例如，當您的親友、同事每一個人都隨身帶著一支行動電話時，以演繹性的推理來思考，您可能為產生「這一個城市」，甚至於「這一個世界」中，每一個人都會隨身帶著行動電話的結論。

而在關聯性的思考方式中，幼小孩童的念頭會從一個定點，平行地轉移到另外一個定點，不演繹也不歸納，所得到的結論有時正確，有時錯誤；而所造成的效果，卻是經常十分地引人發笑。

只要家長們定下心來仔細地想一想，必能在日常生活中發現寶寶許多傳遞性思考方式的蛛絲馬跡。

假設您每天早晨都帶著寶寶上市場買菜，而當偶爾有一天不上市場的時候，寶寶心中會認為：「今天沒有早晨，今天是特別的一天！」懂了嗎？在他小小的思考架構當中，「早晨」和「市場買菜」是緊密相連無法分割的。

　　此外，假設爸爸每天都穿著相同的一雙皮鞋去上班，寶寶會以關聯性的邏輯來認定，每天只要爸爸穿的那一雙鞋不在門口，爸爸就必定是去上班了。因此，如果在一個下雨天爸爸穿著雨鞋去上班，而將平常穿的鞋子留在家門口，那麼寶寶會「直覺」地認為爸爸今天一定沒有去上班，因為在寶寶的心目中，上班與不在門口的鞋是並存的意念。

　　關聯性的思考在某些孩子心中還會引申成為「活化性的推理（animistic reasoning）」，也就是說，寶寶會應用他的邏輯將某些物體賦予生命，使之活化與人相似。例如，有些父母常常會告訴他們的孩子：「太陽每天早晨從山的背後爬出來。」那麼當有人問寶寶：「太陽是不是活的？」時，他會理所當然地回答：「對啊！太陽每天要爬山，他當然是活的囉！」

思路無法倒車

　　在我們開始討論三歲寶寶思路無法倒車（irreversibility）的特質之前，讓我們先為家長們解釋思路倒車（reversibility）的能力。當一個人的思緒從一個定點行進到另外一個定點之後，仍然還可以回到原點的能力，我們稱之為思路倒車。自我測試是否擁有思路倒車能力最簡單的方式，就是試試看您能不能在一加二等於三之後，倒過來演算三減二等於一。

　　一個成長中的孩童，通常要等到上了小學一年級之後，才能成功地發展出如此思考前進、倒退通行無阻的能力。因而，您的寶寶目前雖然能夠勇往直前地打通他的思路，但是容許他倒退思考的道路，卻很不幸的尚未搭建完全。

　　舉例來說，當一個三歲多的孩子騎著三輪小腳踏車往下

坡的路上快樂地「滑翔」俯衝時，他「無法倒車」的思考方式不會事先提醒他，往下衝得愈遠，等到要回頭往上爬時就會愈費力，也會花愈久的時間。因此，不論寶寶曾經在衝到坡底後多少次因爲爬不上來回頭的路，而哭喊著爸爸、媽媽來幫忙，他下一次還是會「學不乖」，「不顧後果」地快樂地往下衝。

家長們也可以套用平傑・勤教授的經典範例，來測試寶寶的思路是否能夠倒車。

利用兩塊大小、顏色和外形皆一模一樣的黏土，先讓寶寶看清楚兩團黏土的「無處不相似」，然後在寶寶全神貫注的注視之下，將其中的一塊黏土捏成一條長長的麵條形，問寶寶：「一團的黏土多，還是麵條形的黏土多？」

對於這個問題，一般的兒童要等到七、八歲之後才能每次都答得正確，因爲在此之前，他們無法在腦海中想像如何將麵條形黏土重新揉回原始的形狀，因此，他們無從正確地作答。

聰慧父母心

在讀完了本文之後，身爲父母的您，對於寶寶內心世界的結構是否有了一層更加透徹的瞭解？因著這份瞭解，您是否能夠更加地諒解與包容孩子的言語行爲？即使是您必須一而再、再而三地跑步到斜坡底下，幫寶寶將他自己和三輪腳踏車「運送」回原位，您是否會因爲瞭解三歲寶寶思路無法倒車的苦衷，而毫無怨尤地爲孩子堅持到底？

《教子有方》在此再度提醒有心的父母們，只要您能夠隨著寶寶的成長，努力瞭解他的能力與極限，那麼您就必

定能夠運用慧心巧思，配合著一份執著的愛，溫柔與漸進地引導孩子朝向更加成熟的思想模式，成功地發展！俗話說的好：「天下無難事，只怕有心人。」學前兒童在目前的成長過程中所最最需要的瞭解與配合，在父母們聰穎敏慧的愛心關懷下，必然能夠得到充分與合理的滿足。

期許與展望

在這個洋溢著為寶寶慶生喜悅的月份，也是父母檢視內心對孩子期許與展望的時刻。

幾乎所有的父母都希望自己的孩子長大之後能夠充滿自信，成熟穩健，凡事靠自己，並且享有良好的人緣。而近年來，已有愈來愈多的研究報告相繼指出，在教養子女方面成功的父母們，多是以溫暖的愛心，調和對於子女要求的清楚指令，並且努力避免對孩子過度的嚴厲或縱容。

《教子有方》鼓勵家長們除了以上述的成功案例為典範，在生活之中亦不妨多多製造機會讓寶寶分擔家事，鼓勵他不僅成為大人的好幫手，還能漸漸自動自發地肩負起飲食起居的責任。在你溫馨詳和家庭中，兒童最容易從各種不同的「任務」中，找到積極樂觀的自我，從而建立強而有力的自信心。

著名的兒童心智發展教育大師蒙特梭利·瑪麗亞（Maria Montessori）博士就曾在她所提出的「實際生活經驗（practical life experiences）」理論中明白地指出：「家庭，一個實實在在的家庭，是孩子學會自我約束與責任感的唯一最佳環境。」

　　別小看了您剛滿三歲的寶寶，他其實很能幹，很能在家中獨立完成許多的工作。愛兒心切的家長們，請別忘了給予孩子實際的生活訓練，不必刻意營造扮家家酒的遊戲氣氛，邀請寶寶合理、適度地分擔家中一應大小的事務，容許他涉足人生的真實面，在汗水與歡笑中，與您共享生命初熟的美果！

　　放手放心地讓寶寶試試看，他應該可以在開飯之前幫忙排放碗筷餐具，他可以自己找到抹布擦淨地板上的污漬，他可以擦拭家具上的灰塵，為家中的植物盆景加水，還可以用掃帚掃地和用拖把抹地，他甚至還會幫忙爸爸洗車、修水管。

　　對於寶寶所犯的錯誤，不論在您的眼中是不小心還是故意的，請您務必要耐住性子忍耐再忍耐，給予寶寶您最豐裕的愛心與耐心，不要期望他一開始就能做得標準無缺十全十美，但要任由生活中自然發生的後果（natural consequences）來教導孩子。用不了多久的時間，您三歲的寶寶即會在他「幹完活兒」的時候，綻放出一股無法隱藏的蓬勃自信，在他一舉手一投足之間所流露出的，則是無比澎湃的聰慧與幹練。

　　久而久之，一個學齡前兒童在「我的家庭」中所接受到的生活訓練，會日積月累、點滴成型地為他塑造出許多在日後求學過程中所必須的重要本領，舉凡專心做事、仔細聆聽、數數兒、歸納分類、作決定，以及解決問題等寶貴的認知能力，都會「自然而然」地從孩子身上表露出來。

　　親愛的家長們，《教子有方》恭賀您在過去的三年內為寶寶所完成的「人生壯舉」，更祝福您在未來的日子裡，與孩子一同快樂又有自信地成長！

P.s.…

———————————— 提醒您 ╱ ————————————

❖不可要求寶寶在學習進度表上為一百分喔！

❖別忘了要將音樂融入寶寶的生活！

❖努力熟讀孩子的心靈地圖！

❖早點開始訓練寶寶做家事。

迴　響

親愛的《教子有方》：

　　對您們的感謝實在是無法言喻，我期待著閱讀每期的《教子有方》，以便能解釋並且正確地回應小女在成長過程中的每一段經歷！

　　初次為人父母的外子和我，將《教子有方》當作是我們寶貝女兒的成長說明書，是我們絕對不可遺失的重要依靠。

　　謝謝您！

　　　　　　　　　　　　　　曹艾立（美國俄勒蘭州）

國家圖書館出版品預行編目資料

2歲寶寶成長里程：面對小小磨人精的高
EQ／丹尼斯・唐總編輯；毛寄瀛譯.--三
版--.--臺北市：書泉，2016.01
　面；　公分
譯自：Growing child
ISBN 978-986-451-032-0（平裝）

1.育兒

428　　　　　　　　　104020937

3I02

2歲寶寶成長里程
面對小小磨人精的高EQ

總 編 輯 ── Dennis Dunn
作　　者 ── Phil Bach, O.D., Ph.D., Miriam Bender. Ph.D.
　　　　　　Joseph Braga, Ph.D., Laurie Braga, Ph.D.
　　　　　　George Early, Ph.D., Liam Grimley, Ph.D.
　　　　　　Robert Hannemann, M.D., Sylvia Kottler, M.S.
　　　　　　Bill Peterson, Ph.D.
譯　　者 ── 毛寄瀛（26.1）
發 行 人 ── 楊榮川
總 編 輯 ── 王翠華
主　　編 ── 陳念祖
責任編輯 ── 李敏華
封面設計 ── 童安安
出 版 者 ── 書泉出版社
地　　址：106台北市大安區和平東路二段339號4樓
電　　話：(02)2705-5066　　傳　真：(02)2706-6100
網　　址：http://www.wunan.com.tw
電子郵件：shuchuan@shuchuan.com.tw
劃撥帳號：01303853
戶　　名：書泉出版社
總 經 銷：朝日文化
進退貨地址：新北市中和區橋安街15巷1號7樓
TEL：(02)2249-7714　　FAX：(02)2249-8715
法律顧問　林勝安律師事務所　林勝安律師
出版日期　2002年12月初版一刷
　　　　　2009年 1 月二版一刷
　　　　　2016年 1 月三版一刷
定　　價　新臺幣280元